世界 神奇的纳米

本书编写组◎编

U0305982

SHENQI DE
NAMI
SHIJIE

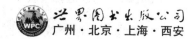
世界图书出版公司
广州·北京·上海·西安

图书在版编目（CIP）数据

神奇的纳米世界／《神奇的纳米世界》编写组编著

．—广州：广东世界图书出版公司，2010.2（2024.2重印）

ISBN 978－7－5100－1613－4

Ⅰ．①神… Ⅱ．①神… Ⅲ．①纳米材料－青少年读物

Ⅳ．①TB383－49

中国版本图书馆 CIP 数据核字（2010）第 024725 号

书　　　名	神奇的纳米世界
	SHENQI DE NAMI SHIJIE
编　　　者	《神奇的纳米世界》编写组
责任编辑	黄晓菲
装帧设计	三棵树设计工作组
出版发行	世界图书出版有限公司　世界图书出版广东有限公司
地　　　址	广州市海珠区新港西路大江冲 25 号
邮　　　编	510300
电　　　话	020-84452179
网　　　址	http://www.gdst.com.cn
邮　　　箱	wpc_gdst@163.com
经　　　销	新华书店
印　　　刷	唐山富达印务有限公司
开　　　本	787mm×1092mm　1/16
印　　　张	10
字　　　数	120 千字
版　　　次	2010 年 2 月第 1 版　2024 年 2 月第 11 次印刷
国际书号	ISBN　978-7-5100-1613-4
定　　　价	48.00 元

前　　言

　　你是否想了解爬上国际空间站的"梯子"是什么样？你是否想知道世界上最小的收音机和汽车是什么样的？你是否幻想过长生不老？你可知道称出病毒质量的秤是怎么回事？那么，就跟我一起来走进神奇的纳米世界吧，这一切的问题，我们都能在其中找到答案！

　　在开篇，就带领大家先与神秘的"纳米"见个面吧！我们都知道，纳米技术被称为21世纪科技发展的三大热点之一。那么，什么是纳米？纳米是用来做什么的呢？纳米科技时代的到来，我们身边的什么会运用到纳米技术呢？这些都会在本章中找到答案。

　　既然纳米的含义我们已经明白，那么，纳米技术是谁提出来的呢？纳米科技和扫描探针显微镜有着什么样的关系呢？纳米科技的发展历程是怎样的呢？第二章的"纳米科技的发现与发展史"就能让你明白这些问题的始末。

　　纳米这个含义一经提出，纳米科技顿时兴起。纳米科技的含义包罗万象。纳米科技是怎样创造神奇的？这些科技运用的都是什么材料呢？我们就讲讲纳米材料吧。纳米材料的含义、分类、用途，还有多姿多彩的碳纳米世界，都是科技高端的前沿。

　　纳米怎样在我们的生产生活中运用的呢？这就是第四章所要讲的。我们会说到关于纳米材料在生产中的应用、纳米金属的分类、纳米塑料以及磁性材料；我们还会明白农业发展与纳米技术的关系是怎样的，纳米技术与水产养殖；而生活中的纳米衣服、纳米空调、纳米水都让我们感到了纳米的神奇。

纳米在医学中会有什么应用呢？第五章我们会针对这个问题展开。什么是纳米医学和纳米生物科技？纳米生物的器件研究都是什么？还有那匪夷所思的 DNA 镊子、纳米蜜蜂、纳米鼻、纳米抗菌衣等，纳米在医学上的贡献真是不小啊！

那么纳米在科技和军事以及天文的领域都会有什么应用呢？第六章我们就从这个角度来了解一下。纳米微电子计算机、纳米涂料、纳米收音机和汽车、"隐身衣"——纳米军服、纳米高效助燃剂等等，纳米再一次向我们证明——21 世纪，就是纳米科技的世纪！

在最后，感谢青少年朋友们能够与我们一起畅游神奇的纳米世界，也希望你们为本书提出宝贵的意见与建议。我们祈盼这本书能够引导你们成为知识的探索者，让我们共同在科技的道路上漫游，让我们的创造力将我们居住的世界变得更美好！

目 录
Contents

走进纳米的世界

神奇的纳米世界

2000 年多前，阿基米德曾说过："给我一根足够长的杠杆，那我就能够移动地球。"当今也有人声称："给我一根足够短的杠杆，我就能够移动单个原子。"

给我一根足够长的杠杆 那我就能够移动地球

和前者仅止于幻想不同的是，后者已经找到了这根杠杆并成功地挪动原子拼出了"IBM"和金字塔等图案。如此能操纵单个原子的神奇技术，就是被科学家称之为"改变未来的十大技术"之一的纳米技术。作为新型材料技术的一部分，它也在如今最热门的话题——"知识经济"中占有重要的一席。

　　世界上一切物质都是由原子构成的，而原子又是何等的微小！正因为原子的小，所以我们搬动原子，就意味着从本质上改变原有的一切，把神话一步步变为现实。如果把煤炭的原子重新排列组合就能得到钻石；把沙子的原子重新排列，再加上一些杂质（如磷）就能得到电脑的微处理器；在尘埃、水和空气的原子上做些文章就能做成土豆。其实神乎其神的纳米技术，其理论基础却非常简单，说穿了就是利用原子的重新排列来生产各种产品，产品的特征取决于原子是如何排列组合的。

　　这种纳米技术在生物学上的应用，最贴近生活的其中一个方面大概就是为我们制造牛排。比如说有的人虽然喜欢肉的味道，但强烈反对杀生，所以只好成为素食者，将来的纳米技术正好可以解决这个矛盾。比如可以有一部专门生产牛排的机器，机器在分子水平上制造的牛排其化学成分和结构同真的牛排是一模一样的，但绝对不是活牛的肉，而是由机器用从空气中提取的水、碳、氧和氢等原子构成的。如果这一设想成为现实。那将会产生对环境极其有利的影响。

　　就像电影《奇异的旅行》中一样，纳米技术还可制造能进入人体和动物体内器官中的"纳米机器医生"，可在人体或动物体内任意穿行实施手术、消除癌变、修复受伤的组织等等。纳米技术还可以帮助人们了解迄今为止只知其然而不知其所以然的意识和大脑思维，如果能逐个分析大脑的原子就有可能了解人的思维过程以及人类精神世界和物质世界的联系。操纵原子可以将某一物质中的原子提出，再将新的原子植入，人类就有可能制造出新的智能生命和实现物种再构，也有可能把人类自身变成一种"超人"。现在，美国等几个国家研制的所谓隐形飞机，其实就是在飞机的外壳涂料中，使用了纳米技术。

纳米材料功能奇特。科学研究表明，物质到了纳米级后，其物理、化学性质就会发生根本性的变化，具有常规状态下所不具备的奇异或反常的物理、化学性质。如钢到纳米级就不导电，而绝缘的二氧化硅，处于 20 纳米时却开始导电了；高分子塑料，使用纳米技术制成刀具，就会比钻石刀具还硬；而纳米级的电脑芯片和光盘，其速度和记录密度更是非纳米级产品所无法比拟的。

纳米技术几乎关系到每一个科技领域，和国防、军事领域更是密切相关。正如任何一种科技的发展都可能给人类带来灾难一样，当人类真正步入纳米这个神奇的世界时，千万不要忘记，纳米技术的宗旨也是要造福于人类。

纳米技术与信息技术和生物技术一起被称为 21 世纪科技发展的三大热点。人类正在进入纳米时代，纳米技术将在各行各业产生深刻的影响，纳米技术产品将渗透到人类衣食往行各个方面，给我们的生活带来巨大变化。

20 世纪 50 年代，一位著名的科学家在一次演讲中表述了如下观点："用较大的工具制造较小的工具，再用较小的工具制造更小的工具，直到得到能够对原子和分子直接进行加工和操纵的小工具，这可能意味着原子和分子可以听从安排、任人摆布。如果能在原子和分子的水平上制造材料和器件，人类将会有意想不到的崭新发现。"这一段话是关于纳米技术的最早构想，也是关于纳米技术的十分形象和通俗的描述。

在探索自然、改造自然的过程中，人类对物质世界认识，随着科技的进步而不断深化。埃及的金字塔和中国的万里长城都是标志人类文明成就的标志性建筑，这些建筑结构单元的尺度是米级的。在以钟表为代表的精密机械产品中，结构单元的尺度精细了 1000 倍，达到了毫米级。微电子技术的诞生和发展，使我们进入了信息时代。在信息技术的核心——大规模集成电路中，元件的尺度精细到了微米级，只有用高倍显微镜才能看清。当科学家们探索自然的目光继续深入，聚焦在纳米级的尺度之上时，神秘之门豁然洞开，一个奇妙的新世界呈现在我们眼前。

3

充满神奇的纳米世界

当材料的尺寸小于 100 纳米时，其物理、化学特性就会发生意想不到的奇妙变化。当黄金或白银细分到纳米尺度的微粒时，美丽的光泽消失了，变成一些黑乎乎的微粒。如果分割操作是在空气中进行，这些微粒会自己燃烧起来。

事实上，当所有金属材料被细分为纳米级的超微粒时，都会失去金属的光泽。这是因为金属微粒的尺寸已小于光波波长，对光的反射能力大大减弱，而对光的吸收能力却大大增强了。至于金属超微粒在空气中的自燃，则是因为在超微粒状态下，处于表面的原子所占比例大大提高，而且极其活跃。在表面效应作用下，金属原子与空气中的氧发生剧烈的化学反应，从而燃烧起来。在探索纳米世界的奥秘时，常要用到一种叫做扫描探针显微镜的仪器。借助这种工具，不仅能观察到物体表面的分子和原子，而且还能成功地实现对分子和原子的直接操纵和排布。扫描探针显微镜的工作原理有点类似于盲人探路，它用一根超细微的探针在物体表面扫过，探针感知的信息经电脑处理后，就能显示出物体表面分子和原子的图像。不过，这是一根精细无比的"探路棍"，其针尖只有原子般大小。

32 纳米下的 IBM 图案

1990 年，美国 IBM 公司的科学家埃格勒在实验室的真空和超低温环境下，在一块镍晶体上成功地将 35 个氙原子拼成了"IBM"三个字母。虽然这三个字母加在一起的总宽度还不到 3 纳米，但是这在人类探索纳米技术的征途上，堪称一座宏伟的纪念碑。

什么是纳米

"纳米"是英文 namometer 的译名。另一种说法"纳米"一词源自于拉丁文"NANO"，意思是"矮小"。纳米是一个度量单位，是一个长度单位。纳米材料构筑的物质，是看不到，摸不着的微细物质。

1 纳米，即 $1nm = 10^{-9}m$，也就是十亿分之一米，约相当 4 个原子串在一起的长度，或者说，1 纳米大体上相当于 4 个原子的直径。如果将 1m 与 1nm 相比，就相当于地球与一个玻璃弹球大小相比。人的一根头发直径约为 $80\mu m$（微米），即 80000nm，如果一个汉字写入尺寸为 10nm，那么在一根头发丝的直径上就可写入 8000 字，相当于一篇较长的科技论文。

具体地说，一纳米等于十亿分之一米的长度，相当于 4 倍原子大小，万分之一头发粗细；形象地讲，一纳米的物体放到乒乓球上，就像一个乒乓球放在地球上一般。这就是纳米长度的概念。

人类知识大厦上存在着裂缝，裂缝的一边是以原子、分子为主体的微观世界，另一边是人类活动的宏观世界。两个世界之间不是直接而简单的联结，存在一个过渡区——纳米世界。几十个原子、分子或成千个原子、分子"组合"在一起时，表现出既不同于单个原子、分子的性质，也不同于大块物体的性质。这种"组合"被称为"超分子"或"人工分子"。"超分子"的性质，如熔点、磁性、电容性、导电性、发光性和染色及水溶性都有重大变化。当"超分子"继续长大或以通常的方式聚集成宏观材料时，奇特的性质又会失去，真像是一些长不大的孩子。

纳米科学与技术，有时简称为纳米技术，是研究结构尺寸在 1 ~ 100nm 范围内材料的性质和应用。全世界的科学家都知道纳米技术对未来科技发展的重要性，所以世界各国都不惜重金发展纳米技术，力图抢占纳米科技领域的战略高地。我国于 1991 年召开的纳米科技发展战略研讨会，制定了发展战略对策。十多年来，我国纳米材料和纳米结构研究取得了引人注目的成就。目前，我国在纳米材料学领域处于领先地位，充分证明了我国在纳米技术领域占有举足轻重的地位。

纳米科技的发现与发展史

探索纳米科技的先驱

最早提出纳米科技概念的是诺贝尔奖的获得者物理学家理查德·费因曼，他是美国加州理工学院的教授。他于 1959 年做了一个激动人心的演讲，他说，我们现在加工材料来制造装置都是从大到小，就是说，我们要加工一个桌子，那需要把木头不断地切割，磨锯，再刨光。如果说我们加工一个工具，都是从大往小里做，那么，加工出来的东西浪费了很多原料。目前我们知道世界上任何东西都是由原子分子组成的，包括我们人类自身，包括空气、大气、海洋、桌子、麦克风、包括你的茶水，什么都是原子

理查德·费因曼

分成组成的。既然都是原子分子组成的，我们能不能够通过把原子一个一个的放在一起，把原子分子就像用砖盖房子一样，把它盖成任何你想要的东西，就从小到大，我来做你想要的东西。如果这样的话，就没有污染了，因为你需要什么，我就拿什么做，而且效率很高。

真正提出纳米技术这个英文词的是 1974 年日本的谷口纪南教授，他最早用纳米技术这个词——Nanotechnology。Nanotechnology 这个词最早使用它，完全是为了描述精细机械加工。他说，微米，微米技术，微米加工，精度不够，得用纳米技术来加工。20 世纪 70 年代后期，美国麻省理工学院的德雷克斯勒，他提倡纳米科技的研究，就是指通过原子分子组装来制备装置的研究。1990 年第一届纳米科学国际会议与第五届国际扫描隧道显微学会议同时在美国巴尔的摩召开，并创办了《纳米技术》（Naotechnologg）这一专业学术刊物，标志着纳米技术的诞生。但也有人不认同 20 世纪 90 年代是纳米科技诞生的时间的这一观点。美国科学家认为，纳米科技诞生于 1981 年或者 1982 年，扫描隧道显微镜诞生之日，就是纳米科技的诞生之日。随着第一届纳米科技国际会议 1990 年于美国召开，接下来 1993 年在莫斯科，1994 年在丹佛尔，1996 年在北京，1998 年在伯明翰，2009 年又在中国北京召开了纳米国际会议。在研究纳米尺度上多学科的交叉性，展现了这一技术巨大的生命力，并迅速地形成了一个具有广泛科技内容和潜在应用前景的研究领域。

纳米科技的国际会议的召开

从扫描探针显微镜到纳米科技

扫描探针显微镜与纳米科技

人类仅仅用眼睛和双手认识和改造世界的能力是有限的，例如：人眼能够直接分辨的最小间隔大约为0.07mm；人的双手虽然灵巧，但不能对微小物体进行精确的控制和操纵。但是人类的思想及其创造性是无限的。当历史发展到20世纪80年代，一种以物理学为基础、集多种现代技术为一体的新型表面分析仪器——扫描隧道显微镜（STM）诞生了。STM不仅具有很高的空间分辨率（横向可达0.1nm，纵向优于0.01nm），能直接观察到物质表面的原子结构，而且还能对原子和分子进行操纵，从而将人类的主观意愿施加于自然。可以说STM是人类眼睛和双手的延伸，是人类智慧的结晶。

基于STM的基本原理，随后又发展起了一系列扫描探针显微镜（SPM），如扫描力显微镜（SFM）、弹道电子发射显微镜（BEEM）、扫描

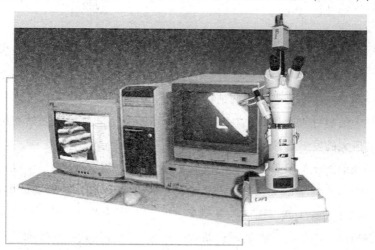

扫描探针显微镜

近场光学显微境（SNOM）等。这些新型显微技术都是利用探针与样品不同的相互作用来探测表面或界面在纳米尺度上表现出的物理性质和化学性质。

纳米科学和技术是在纳米尺度上（0.1～100nm）研究物质（包括原子、分子）的特性和相互作用，并且利用这些在纳米尺度上表现出来的特性，制造具有特定功能的产品，最终实现生产方式的飞跃。纳米科学大体包括纳米电子学、纳米机械学、纳米材料学、纳米生物学、纳米光学、纳米化学等方面。

虽然纳米科技的历史可以追溯到40年前著名物理学家、诺贝尔奖获得者理查德·费因曼在美国物理年会上的一次富有远见的报告。但是"纳米科技"一词还是近几年才出现的，也正是SPM技术及其应用迅速发展的时期。第五届国际STM会议与第一届国际纳米科技会议于1990年在美国同时召开说明了SPM与纳米科技之间存在着必然联系：SPM的相继问世为纳米科技的诞生与发展起了根本性的推动作用，而纳米科技的发展也将为SPM的应用提供广阔的天地。

人们饶有兴趣地谈论和思考着21世纪的科学与技术，有人说是分子电子学时代，也有人说是信息时代。实际上纳米科学与技术将是构成未来新时代的基础。

纳米科技的产业应用直接根植于基础研究，这与传统的技术发展规律不同，从基础到应用的转化是直接的，其转化周期将会更短。事实上，纳米科技的发展速度比原先人们估计的要快，有的已经实用化。纳米科技在计算机、信息处理、通讯、制造、生物、医疗和空间领域，尤其在国防工业上有巨大的发展前景。

正如前面在关于纳米科技的概念所述，纳米科技是在纳米尺度对物质特性进行研究的基础上，最终利用这种特性来制造具有特定功能的产品，实现生产方式的飞跃。因而就基础研究而言，纳米科学有着诱人的前景。因为在纳米尺度上物质将表现出新颖的现象、奇特的效应和性质。而作为一门技术，纳米技术将为人类提供新颖并具有特定功能的产品。

因此，纳米科学技术充满着机遇与挑战。而 STM 及其相关仪器（SPM）在这些机遇与挑战中必将获得更加广泛的应用。

纳米科技是未来高科技的基础，而科学仪器是科学研究中必不可少的实验手段。STM 及其相关仪器（SPM）必将在这场向纳米科技进军中发挥无法估量的作用。当纳米科技时代真正到来之际，"扫描探针显微镜在纳米科技中的应用"一文才可能最后写上休止符。

纳米科技的发展历程是怎样的

纳米科技发展史

1959 年，著名物理学家、诺贝尔奖获得者理查德·费因曼预言，人类可以用小的机器制做更小的机器，最后将变成根据人类意愿，逐个地排列原子，制造产品。这是关于纳米技术最早的梦想。

20 世纪 70 年代，科学家开始从不同角度提出有关纳米科技的构想，1974 年，科学家谷口纪南最早使用纳米技术一词描述精密机械加工。

扫描隧道显微镜

1982 年，科学家发明研究纳米的重要工具——扫描隧道显微镜，为人类揭示了一个可见的原子、分子世界，它对纳米科技发展产生了积极的促进作用。

1990 年 7 月，第一届国际纳米科学技术会议在美国巴尔的摩举行，标志着纳米科学技术的正式诞生。

1991 年，碳纳米管被人类发现，它的质量是相同体积钢的 1/6，强度却是钢的 10 倍。碳纳米管立即成为纳米技术研究的热点。诺贝尔化学奖得主斯莫利教授认为，纳米碳管将是未来最佳纤维的首选材料，也将被广泛用于超微导线、超微开关以及纳米级电子线路等。

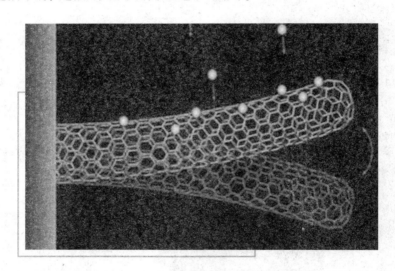

显微镜下的碳纳米管

1993 年，继 1989 年美国斯坦福大学搬走原子团"写"下斯坦福大学英文名字、1990 年美国国际商用机器公司在镍表面用 36 个氙原子排出"IBM"之后，中国科学院北京真空物理实验室自如地操纵原子成功写出"中国"二字，标志着我国开始在国际纳米科技领域占有一席之地。

1997 年，美国科学家首次成功地用单电子移动单电子，利用这种技术可望在 20 年后研制成功速度和存贮容量比现在提高成千上万倍的量子计算机。

1999 年，巴西和美国科学家在进行纳米碳管实验时发明了世界上最小的"秤"，它能够称量十亿分之一克的物体，即相当于一个病毒的重量；此后不久，德国科学家研制出能称量单个原子重量的秤，打破了美国和巴西科学家联合创造的纪录。

到了 1999 年，纳米技术已逐步走向市场，全年纳米产品的营业额达到500 亿美元。

近年来，一些国家纷纷制定相关战略或者计划，投入巨资抢占纳米技术战略高地。日本设立纳米材料研究中心，把纳米技术列入新五年科技基本计划的研发重点；德国专门建立纳米技术研究网；美国将纳米计划视为下一次工业革命的核心，美国政府部门将纳米科技基础研究方面的投资从1997 年的 1.16 亿美元增加到 2001 年的 4.97 亿美元。

纳米技术发展可能经历五个阶段

据日本阿普莱德研究所提供的材料介绍，以研究分子机械而著称的美国风险企业宰贝克斯公司的一项预测认为，纳米技术的发展可能会经历以下五个阶段：

第一阶段的发展重点是要准确地控制原子数量在 100 个以下的纳米结构物质。这需要使用计算机设计、制造技术和现有工厂的设备和超精密电子装置。这个阶段的市场规模约为 5 亿美元。

第二个阶段是生产纳米结构物质。在这个阶段，纳米结构物质和纳米复合材料的制造将达到实用化水平。其中包括从有机碳酸钙中制取的有机纳米材料，其强度将达到无机单晶材料的 3000 倍。该阶段的市场规模在 50亿～200 亿美元之间。

在第三个阶段，大量制造复杂的纳米结构物质将成为可能。这要求有高级的计算机设计与制造系统、目标设计技术、计算机模拟技术和组装技术等。该阶段的市场规模可达 100 亿～1000 亿美元。

纳米计算机将在第四个阶段中得以实现。这个阶段的市场规模将达到2000 亿～1 万亿美元。

在第五阶段里，科学家们将研制出能够制造动力源与程序自律化的元件和装置，市场规模将高达 6 万亿美元。

宰贝克斯公司认为，虽然纳米技术每个阶段到来的时间有很大的不确定性，难以准确预测，但在 2010 年之前，纳米技术有可能发展到第三个阶段，超越"量子效应障碍"达到实用化水平。

国内纳米世界的探索者

当别人还不知道纳米为何物时，他已经在这个领域开始了漫漫征程；当全社会都在讨论纳米并将自己与纳米相连时，他却选择了沉默。在青岛科技大学纳米试验室里，刚从实验室回来的崔作林一边洗着满是碳黑的手，一边对记者说："技术是为产品服务的，国外一些纳米研究发达的国家，纳米的应用已经有多年的历史，但他们强调的是产品的质量，而不是纳米这种技术。这几年国内纳米研究与生产可谓是雨后春笋，很多产品都在打纳米牌，但一些地方还没有搞清楚什么是纳米就盲目地上生产线，完全不符合科学规律。"

说起国内纳米研究的现状，崔作林说，这几年国内的高校科研院所纷纷开始了纳米研究，但这些研究大多集中在理论方面，出现了不少高质量的论文，从理论水平来说，中国的纳米研究可以排进国际前三名。接着他话锋一转，"但从纳米的应用研究上说，实际上我们离国际先进水平还有至少 5～10 年的差距。虽然社会上号称应用纳米技术的产品不少，可国内近几年在纳米应用研究上并没有什么大的成果出现，这也是我们科研工作者急需解决的一个问题"。

在拿到国家技术发明二等奖之后，崔作林和他的研究所一直在以纳米催化剂为基础的纳米应用研究上下功夫。现在他正在从事的课题主要有两大方向：一是纳米材料吸收剂，另一种就是可做电子屏蔽的纳米涂料。说起这两项课题，崔作林表示他们的原理都是一样，就是利用纳米材料做催化剂，用有机气体做原料，聚合某种导电碳纤维。其应用范围包括军事、家电、办公场所等。

所谓纳米科技，就是以 0.1～100nm 这样的尺度为研究对象的前沿学科。那么，纳米能给我们的生活带来什么变化？面对这个问题，崔作林滔滔不绝地说了起来："比如说我们合作生产的纳米毛巾，就是在化纤制品和纺织品中添加纳米微粒，可以除味杀菌；与海尔合作生产的冰箱、洗衣机等，可以抗菌、保鲜；化妆品加入了纳米微粒可以具备了防紫外线的功能；利用纳米技术，人们已研制出可静电屏蔽的纳米涂料……"崔作林接着列了一些数字，据统计，全球纳米技术的年产值已经超过 500 亿美元，国内也至少建立了十多条纳米材料的生产线，仅科大纳米试验室就与多家单位合作成立了生产纳米产品的基地。

纳米科技与纳米材料

浅谈纳米科技的含义

纳米科学与技术，有时简称为纳米技术，是研究结构尺寸在 1 ~ 100nm 范围内材料的性质和应用。纳米技术包含下列四个主要方面：

1. 纳米材料。当物质到纳米尺度以后，大约是在 1 ~ 100nm 这个范围空间，物质的性质就会发生突变，出现特殊性质。这种既具不同于原来组成的原子、分子，也不同于宏观的物质的特殊性质构成的材料，即为纳米材料。如果仅仅是尺度达到纳米，而没有特殊性质的材料，也不能叫纳米材料。过去，人们只注意原子、分子或者宇宙空间，常常忽略这个中间领域，而这个领域实际上大量存在于自然界，只是以前人们没有认识到这个尺度范围的性质。第一个真正认识到它的性质并引用纳米概念的是日本科学家，他们在 20 世纪 70 年代用蒸发法制备超微离子，并通过研究它的性质发现：一个导电、导热的铜、银导体做成纳米尺度以后，它就失去原来的性质，表现出既不导电、也不导热。磁性材料也是如此，像铁钴合金，把它做成大约 20 ~ 30nm 大小，磁畴就变成单磁畴，它的磁性要比原来高 1000 倍。到了 20 世纪 80 年代中期，人们正式把这类材料命名为纳米材料。

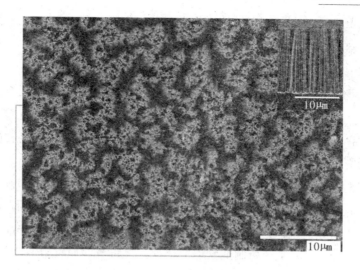

纳米材料示意图

2. 纳米动力学。其主要是微机械和微电机，或总称为微型电动机械系统，用于有传动机械的微型传感器和执行器、光纤通讯系统、特种电子设备、医疗和诊断仪器等，利用的是一种类似于集成电器设计和制造的新工艺。特点是部件很小，刻蚀的深度往往要求数十至数百微米，而宽度误差很小。这种工艺还可用于制作三相电动机，用于超快速离心机或陀螺仪等。在研究方面还要相应地检测准原子尺度的微变形和微摩擦等。虽然它们目前尚未真正进入纳米尺度，但有很大的潜在科学价值和经济价值。

3. 纳米生物学和纳米药物学。如在云母表面用纳米微粒度的胶体金固定 DNA 的粒子，在二氧化硅表面的叉指形电极做生物分子间互作用的试验，磷脂和脂肪酸双层平面生物膜，DNA 的精细结构等。有了纳米技术，还可用自组装方法在细胞内放入零件或组件使构成新的材料。新的药物，即使是微米粒子的细粉，也大约有半数不溶于水。但如粒子为纳米尺度（即超微粒子），则可溶于水。

4. 纳米电子学。包括基于量子效应的纳米电子器件、纳米结构的光/电性质、纳米电子材料的表征，以及原子操纵和原子组装等。当前电子技术的趋势要求器件和系统更快、更冷、更小。更快，是指响应速度要快。更冷是指单个器件的功耗要小。但是更小并非没有限度。纳米技术是建设者的最后疆界，它的影响将是巨大的。

在 1998 年的 4 月，美国总统科学技术顾问 Neal Lane 博士评论到，如果有人问我哪个科学和工程领域将会对未来产生突破性的影响，我会说是纳米技术。我们计划建立一个名为纳米科技大挑战机构，资助进行跨学科研究和教育的队伍，包括为长远目标而建立的中心和网络。一些潜在的可能实现的突破包括：

把整个美国国会图书馆的资料压缩到一块像方糖一样大小的设备中，这可以通过提高单位表面储存能力 1000 倍，使大存储电子设备储存能力扩大到几兆兆字节的水平来实现。由自小到大的方法制造材料和产品，即从一个原子、一个分子开始制造它们。这种方法将节约原材料并降低污染；生产出比钢强度大 10 倍，而重量只有其几分之一的材料来制造各种更轻便、更省燃料的陆上、水上和航空用的交通工具；通过极小的晶体管和记忆芯片几百万倍的提高电脑速度和效率，因为今天的奔腾处理器已经显得十分慢了；运用基因和药物传送纳米级的 MRI 对照剂来发现癌细胞或定位人体组织器官；去除在水和空气中最细微的污染物，得到更清洁的环境和可以饮用的水；提高太阳能电池能量效率两倍……

用一句话概括就是，纳米科学技术是研究在千万分之一米到亿分之一米内原子、分子和其他类型物质的运动和变化的学问；同时在这一尺度范围内对原子、分子进行操作和加工，因此又被称为纳米技术。纳米科技的研究内容有：创造和制备优异性能的纳米材料；设计、制备各种纳米器件和装置；探测和分析纳米区域的性质和现象等。

纳米科技的研究目标和可能的应用

材料：新型材料将更轻、更强和可设计；寿命更长且维修费低；以新原理和新结构在纳米层次上构筑特定性质的材料或自然界不存在的材料；制造生物材料和仿生材料；材料被破坏过程中纳米级损伤的诊断和修复。

微电子和计算机技术：效率提高 100 万倍纳米结构的微处理器；10 倍带宽的高频网络系统；兆兆比特的存储器（提高 1000 倍）；集成纳米传感器系统。

医学与健康：快速、高效的基因团测序和基因诊断和基因治疗技术；用药的新方法和药物"导弹"技术；耐用的人工人体组织和器官；复明和复聪器件；疾病早期诊断的纳米传感器系统。

航天和航空：低能耗、抗辐照、高性能计算机；微型航天器用纳米测试、控制和电子设备；抗热障、耐磨损的纳米结构涂层材料。

环境和能源：发展绿色能源和环境处理技术，减少污染和恢复被破坏的环境；孔径为 1nm 的纳孔材料作为催化剂的载体；用来祛除污物的有序纳孔材料（孔径为 10～100nm）；纳米颗粒修饰的高分子材料。

生物技术和农业：在纳米尺度上，按照预定的大小、对称性和排列来制备具有生物活性的蛋白质、核糖、核酸等。在纳米材料和器件中植入生物材料产生具有生物功能和其他功能的综合性能，生物仿生化学药品和生物可降解材料，动植物的基因改善和治疗，测定 DNA 的基因芯片等。

创造神奇的纳米科技

纳米科技的最终目标是按照人的意志直接排布原子和分子，用纳米级的结构单元构造各种具有神奇功能的材料，甚至直接用纳米级元件生产出成品。

微电子技术经过几十年的发展取得了辉煌的成就，如在小小的硅片上刻印超密集的大规模集成电路，使得电脑的体积越来越小而功能越来越多。但是，如果插上纳米技术的翅膀，微电子技术将会有飞跃式的发展。纳米电子学的研究目标是要制造纳米级的晶体管、导线等微电子元件，然后用这些纳米级的元件组装成"分子计算机"，这种电脑的计算能力将是"奔腾"芯片的 1000 亿倍，而体积可能如糖块、甚至米粒一样。

纳米技术与机器人技术结合，将制造出 1 微米左右、小如尘埃的机器人，这种机器人可以在人的血管里畅游，可以真正从内部对人体进行检查和治疗，比如疏通脑血栓，清除血管里的沉积物，甚至还能吞噬病毒、消化癌细胞等。这种机器人在军事上也有重要用途，有的专家就提出了研制"尘埃间谍"甚至"尘埃刺客"的构想。小如尘埃的机器人飘浮在空气中，神不知鬼不觉地接近敌方目标，刺探情报，甚至刺杀敌方重要人物等等。

纳米科技在未来的应用可以说是无处不在。用不了多久，纳米布料、纳米陶瓷、纳米钢、纳米药物、纳米涂料等等就会出现在我们的生活中。许多材料经过纳米化处理后，将具有异乎寻常的优良性能。易碎的陶瓷可以变成具有韧性的材料，得到更加广泛的应用；纳米金属材料将比普通金属材料坚韧几十倍；用纳米材料制成的自行车，重量却只有几千克；将防水、防油的纳米涂料涂在大楼表面或窗玻璃上，大楼将不沾油污，玻璃也会永远透亮；甚至可以设想用防污的纳米纤维材料织成免洗涤衣物。纳米技术用于制药，可以制成神奇的导弹型药物，这种药物可以像导弹一样，循着导引的方向直达病灶部位，使疗效大大提高。

纳米丝染色印花

新世纪来临之际，一场没有硝烟的"战争"已经在纳米领域拉开了序幕。各国都在投入力量争抢纳米科技的"高地"。这场世界性的角逐已经引起我国政府的高度重视。经过多年努力，目前我国已初步建成纳米材料研究基地，有了一支颇具实力的研究队伍，并取得了一些引人瞩目的成果，比如纳米硅基陶瓷系列粉的研制成功，使我国成为世界上能生产纳米粉的少数国家之一；近年来，我国科学家在各国同行中脱颖而出，实现了纳米铜在室温下的超塑性——被拉长了50多倍而不断。

纳米钢材成品

纳米材料是什么

纳米材料是指组成或晶体在任一维上小于100nm的材料，又叫超分子材料。纳米材料按宏观结构分为由纳米粒子组成的纳米块、纳米膜及纳米纤维等；按材料结构分为纳米晶体、纳米非晶体和纳米准晶体；按空间形态分为零维纳米颗粒、一维纳米线、二维纳米膜和三维纳米块。

纳米材料由于尺寸的变化而使原有的性能发生改变。研究发现，纳米材料由于尺寸小、有效表面积大，而使材料具有一些特殊的效应：小尺寸效应、表面效应、量子尺寸效应和宏观量子隧道效应；而这些效应的宏观体现就是纳米材料的成数量级变化的各种指标。例如：导电材料的电导率、力学材料的机械强度、磁学材料的磁化率和生物材料的降解速度等。

纳米材料与技术实验室

纳米材料的特点是什么

当粒子的尺寸减小到纳米数量级后，将导致声、光、电、磁、热性能呈现新的特性。比方说，被广泛研究的 II – VI 族半导体硫化镉，其吸收带边界和发光光谱的峰的位置会随着晶粒尺寸减小而显著蓝移。按照这一原理，可以通过控制晶粒尺寸来得到不同能隙的硫化镉，这将大大丰富材料的研究内容并可望得到新的用途。我们知道物质的种类是有限的，微米和纳米的硫化镉都是由硫和镉元素组成的，但通过控制制备条件，可以得到带隙和发光性质不同的材料。也就是说，通过纳米技术得到了全新的材料。纳米颗粒往往具有很大的比表面积，每克这种固体的比表面积能达到几百甚至上千平方米，这使得它们可作为高活性的吸附剂和催化剂，在氢气贮存、有机合成和环境保护等领域有着重要的应用前景。对纳米体材料，我们可以用"更轻、更高、更强"这六个字来概括。"更轻"是指借助于纳米材料和技术，我们可以制备体积更小、性能不变甚至更好的器件，减小器件的体积，使其更轻盈。第一台计算机需要三间房子来存放，正是借助于微米级的半导体制造技术，才实现了其小型化，并普及了计算机。无论从能量和资源利用来看，这种"小型化"的效益都是十分惊人的。"更高"是指纳米材料可望有着更高的光、电、磁、热性能。"更强"是指纳米材料有着更强的力学性能（如强度和韧性等），对纳米陶瓷来说，纳米化可望解决陶瓷的脆性问题，并可能表现出与金属等材料类似的塑性。

纳米材料的应用

首先我们要说一说关于纳米材料的应用原理。

1. 表面效应。即纳米晶粒表面原子数和总原子数之比随粒径变小而急剧增大后引起性质变化。纳米晶粒的减小，导致其表面热、表面能及表面结合能都迅速增大，致使它表现出很高的活性。如日本帝国化工公司生产的 TiO_2 的平均粒径为15nm，比表面积高达 $80 \sim 100$ m^2/g。

2. 体积效应。当纳米晶粒的尺寸与传导电子的德布罗意波相当或更小时，周期性的边界条件将被破坏，使其磁性、内压、光吸收、热阻、化学活性、催化性和熔点等与普通粒子相比都有很大变化。如银的熔点约为900℃，而纳米银粉熔点为100℃，一般纳米材料的熔点为其原来块体材料的 $30\% \sim 50\%$。

3. 量子尺寸效应。即纳米材料颗粒尺寸到一定值时，费米能级附近的电子能级由准连续能级变为分立能级，吸收光谱阈值向短波方向移动。其结果使纳米材料具有高度光学非线性、特异性催化和光催化性质、强氧化性质和还原性。

纳米材料还具有宏观量子隧道效应和介电限域效应。纳米材料能在低温下继续保持超顺磁性，对光线有强烈的吸收能力，能大量吸收紫外线，对红外线亦有强烈吸收特性，在高温下，仍具有高强、高韧、优良稳定性等，其应用前景十分广阔，故纳米材料被誉为跨世纪的高科技新材料。

下面我们就谈谈关于纳米材料的应用了。

1. 塑料材料的改良性。塑料材料具有质量轻、强度高、耐腐蚀等优点，其缺点是抗老化性能差，影响了材料的推广使用，当纳米 SiO_2 与 TiO_2 适当

23

混配，即可大量吸收紫外线，只需将其少量加入塑料材料中，就能大大延缓材料的老化。例如在聚丙烯塑料中加入 0.3% 的 UV – TiTAN – P580 纳米 TiO_2，经过 700 小时热光照射后，其抗涨强度损失仅 10%，而未加 UV – TiTAN – P580 的聚丙烯抗张强度损失竟达 50%。此外，利用纳米材料表面严重的配位不足，表现出极强活性的特点，能与某些大分子发生键合作用，提高分子间的键力，从而使添加了纳米材料的复合材料的强度、韧性大幅度提高。利用纳米材料高流动性和小尺寸效应，可使复合材料的延展性提高，摩擦系数减少，材料光洁度大大改善；而利用纳米材料的高介电性，还可以制成高绝缘性能的玻璃钢等。

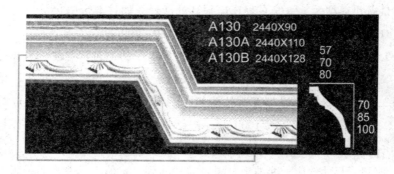

玻璃钢模具

2. 功能纤维的制备。开发新的功能纤维以满足国防工业和人民生活新的需求，一直是合成纤维研究的一个热点。纳米材料的出现，为制备功能纤维开辟了新的有效途径。如前所述，若将少量的 UV – TiTAN – P580 纳米 TiO_2 加入合成纤维中，由于它能大量吸收紫外线，就能制得抗老化的合成纤维，用它做成的服装和用品具有排除对人体有害的紫外线的功效，对防治皮肤病及由紫外线吸收造成的皮肤疾患等也有辅助疗效。又如国家超细粉末工程中心研制的 FUMAT – T108 超细抗菌粉体，它可赋予树脂制品以抗菌能力，对各种细菌、真菌和霉菌起到抑制和杀灭的作用。

超细抗菌粉体

3. 其他高分子材料。作为新型橡胶材料的补强填料，为了改善硅橡胶性能，拟用纳米 SiO_2 部分取代普通 TiO_2 在硅橡胶的应用，以提高其强度、弹性和耐磨性。

4. 在化学工业、电子工业等方面的应用。用作高效催化剂是纳米颗粒材料的重要应用领域之一，纳米颗粒具有比表面积很高、表面的键态和电子态与颗粒内部不同、表面原子配位不全等特点，表面的活性位置增加，使得纳米颗粒具备了作为催化剂的先决条件。有人预计纳米颗粒催化剂将成为本世纪催化剂的主角。光催化剂是一种具有应用潜力的特殊催化剂，纳米 TiO_2 所具有的量子尺寸效应使其导电和介电能级变成分立的能级，能隙变宽，导电电位负移，而介电电位正移，这使其获得了更强的氧化还原能力。纳米材料还可以用来作导电浆料。导电浆料是电子工业的原材料，由于纳米材料可使块体材料的熔点大大降低，因此用超银粉制成的导电浆料可以在低温下烧结，此时基片可以不用耐高温陶瓷，甚至可采用塑料等低温材料。除此之外纳米材料还可以用作敏感原料。利用纳米材料巨大的比表面积，可以制成温敏、光敏、气敏、湿敏等多种传感器。仅需微量纳米颗粒，其功能就能得到充分发挥，由它构成的集成化纳米颗粒多功能传感器，具有高灵敏度、高响应速度、高精度、低功耗等优点。

除上述列举的应用外，纳米材料在医疗、生物、冶金、机械等领域均有其独特的应用。磁性纳米材料可以做药剂载体，在外磁场的引导下集中于病患部位，以提高药效。

欧洲联盟委员会曾在 1995 年发表一份研究报告预测，今后 10 年内纳米技术的开发将成为仅次于芯片制造的世界第二大制造业。市场的突破口很可能在信息、微电子、医药、环境等领域。我国有发展纳米材料的丰富原料和广阔市场，纳米材料的应用将前途无量。

纳米材料的前景是怎样的

纳米材料的应用前景是十分广阔的，如：电子器件，医学和健康，航天、航空和空间探索，环境、资源和能量，生物技术等。我们知道基因 DNA 具有双螺旋结构，这种双螺旋结构的直径约为几十纳米。用合成的晶粒尺寸仅为几纳米的发光半导体晶粒，选择性的吸附或作用在不同的碱基对上，可以"照亮"DNA 的结构，有点像黑暗中挂满了灯笼的宝塔，借助发光的"灯笼"，我们不仅可以识别灯塔的外型，还可识别灯塔的结构。简而言之，这些纳米晶粒在 DNA 分子上贴上了标签。目前，我们应当避免纳米的庸俗化。尽管有科学工作者一直在研究纳米材料的应用问题，但很多技术仍难以直接造福于人类。自 2001 年以来，国内也出现了一些纳米企业和纳米产品，如"纳米冰箱"，"纳米洗衣机"。这些产品中用到了一些"纳米粉体"，但冰箱和洗衣机的核心作用与传统产品相同，"纳米粉体"赋于了它们一些新的功能，但并不是这类产品的核心技术。因此，这类产品并不能称为真正的"纳米产品"，只是商家的销售手段和新卖点。现阶段纳米材料的应用主要集中在纳米粉体方面，属于纳米材料的起步阶段。应该指出纳米粉体不过是纳米材料应用的初级阶段，但这并不是纳米材料的核心，更不能将"纳米粉体的应用"等同与纳米材料的应用。

下面我们选用几幅插图来说明纳米材料。

图一：二氧化钛纳米管。多种层状材料可形成管状材料，最为人们所熟悉的是碳纳米管。图为二氧化钛纳米管的透射电镜照片，这种管是开口的中空管，比表面积能达到 $400m^2/g$，可能在吸附剂、光催化剂等方面有应用前景。

图一　二氧化钛纳米管示意图

图二：晶内型纳米复相陶瓷。颜色较浅的大晶粒内部有一些深色的颗粒，在陶瓷受到外力破坏时，这些晶粒内的深色颗粒像一颗颗钉子，抑制裂纹扩散，起到对陶瓷材料的增强和增韧作用。

图三：二氧化钛纳米颗粒的透射电镜照片。通过镜片可以看出二氧化钛仅为 7nm 左右。人们不仅要问：如此小的纳米颗粒肉眼能否看到？商家提供的"纳米粉体"能看得到吗？如此小的晶粒用肉眼是看不到的，但可以借助于电子显微镜来看。由于这些晶粒聚集在一起，我们只可以看到聚集后的粉体，除了能感觉到"纳米粉体"比原来更膨松外，不借助科学的表征方法，我们难以区别它们。

图二   图三

二氧化钛纳米颗粒的透射电镜照片

纳米材料该怎么分类

我们已经知道，纳米材料就是具有纳米尺度的粉末、纤维、膜或块体。科学实验证实，当常态物质被加工到极其微细的纳米尺度时，会出现特异的表面效应、体积效应和量子效应，其光学、热学、电学、磁学、力学乃至化学性质也就相应地发生显著的变化。因此纳米材料具备其他一般材料所没有的优越性能，可广泛应用于电子、医药、化工、军事、航空航天等众多领域，在整个新材料的研究应用方面占据着核心的位置。

纳米材料大致可分为纳米粉末、纳米纤维、纳米膜、纳米块体等四类。其中纳米粉末开发时间最长、技术最为成熟，是生产其他三类产品的基础。

纳米粉末：又称为超微粉或超细粉，一般指粒度在 100nm 以下的粉末或颗粒，是一种介于原子、分子与宏观物体之间处于中间物态的固体颗粒材料。可用于：高密度磁记录材料；吸波隐身材料；磁流体材料；防辐射材料；单晶硅和精密光学器件抛光材料；微芯片导热基片与布线材料；微电子封装材料；光电子材料；先进的电池电极材料；太阳能电池材料；高效催化剂；高效助燃剂；敏感元件；高韧性陶瓷材料（摔不裂的陶瓷，用于陶瓷发动机等）；人体修复材料；抗癌制剂等。

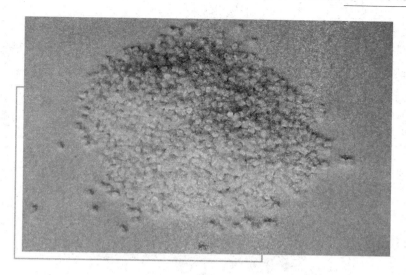

纳米粉末示意图

　　纳米纤维：指直径为纳米尺度而长度较大的线状材料。可用于：微导线、微光纤（未来量子计算机与光子计算机的重要元件）材料；新型激光或发光二极管材料等。

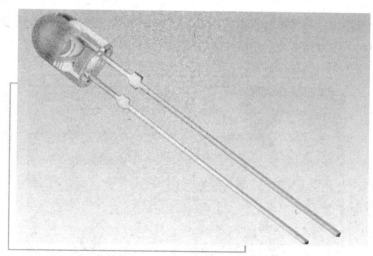

发光二极管材料

　　纳米膜：纳米膜分为颗粒膜与致密膜。颗粒膜是和纳米颗粒粘在一起，中间有极为细小的间隙的薄膜。致密膜指膜层致密但晶粒尺寸为纳米级的薄膜。可用于：气体催化（如汽车尾气处理）材料；过滤器材料；高密度磁记录材料；光敏材料；平面显示器材料；超导材料等。

安保纳米膜

　　纳米块体：是将纳米粉末高压成型或控制金属液体结晶而得到的纳米晶粒材料。主要用途为：超高强度材料；智能金属材料等。

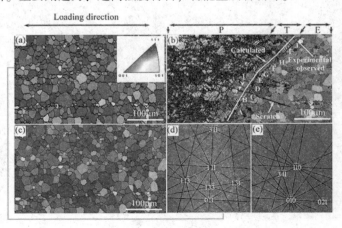

放大的纳米晶粒材料

专家指出，对纳米材料的认识才刚刚开始，目前还知之甚少。但是，从个别实验中所看到的种种奇异性能，都表明这是一个非常诱人的领域。对纳米材料的开发，将会为人类提供前所未有的有用材料。纳米粒子的制备方法很多，可分为物理方法和化学方法。

物理方法

1. 真空冷凝法，用真空蒸发、加热、高频感应等方法使原料气化或形成等粒子体，然后骤冷。其特点是纯度高、结晶组织好、粒度可控，但技术设备要求高。

2. 物理粉碎法，通过机械粉碎、电火花爆炸等方法得到纳米粒子。其特点是操作简单、成本低，但产品纯度低，颗粒分布不均匀。

3. 机械球磨法，采用球磨方法，控制适当的条件得到纯元素、合金或复合材料的纳米粒子。其特点是操作简单、成本低，但产品纯度低，颗粒分布不均匀。

化学方法

1. 气相沉积法，利用金属化合物蒸气的化学反应合成纳米材料。其特点是产品纯度高，粒度分布窄。

2. 沉淀法，把沉淀剂加入到盐溶液中反应后，将沉淀热处理得到纳米材料。其特点是简单易行，但纯度低，颗粒半径大，适合制备氧化物。

3. 水热合成法，高温高压下在水溶液或蒸汽等流体中合成，再经分离和热处理得纳米粒子。其特点是纯度高，分散性好、粒度易控制。

4. 溶胶凝胶法，金属化合物经溶液、溶胶、凝胶而固化，再经低温热处理而生成纳米粒子。其特点是反应物种多，产物颗粒均一，过程易控制，适于氧化物和 II ~ VI 族化合物的制备。

5. 微乳液法，两种互不相溶的溶剂在表面活性剂的作用下形成乳液，在微泡中经成核、聚结、团聚、热处理后得纳米粒子。其特点是粒子的单分散和界面性好，II ~ VI 族半导体纳米粒子多用此法制备。

纳米材料的用途都有哪些

1980 年的一天，在澳大利亚的茫茫沙漠中有一辆汽车在高速奔驰，驾车人是一位德国物理学家 H·格兰特（Gleiter）教授。他正驾驶租用的汽车独自横穿澳大利亚大沙漠。空旷、寂寞、孤独，使他的思维特别活跃。他是一位长期从事晶体物理研究的科学家。此时此刻，一个长期思考的问题在他的脑海中跳动：如何研制具有异乎寻常特性的新型材料？

在长期的晶体材料研究中，人们视具有完整空间点阵结构的实体为晶体，它是晶体材料的主体；而把空间点阵中的空位、替位原子、间隙原子、相界、位错和晶界看作晶体材料中的缺陷。此时，他想到，如果从逆方向思考问题，把"缺陷"作为主体，研制出一种晶界占有相当大体积比的材料，那么世界将会是怎样？

格兰特教授在沙漠中的构想很快变成了现实，经过四年的不懈努力，他领导的研究组终于在 1984 年成功研制了黑色金属粉末。实验表明，任何金属颗粒，当其尺寸在纳米量级时都呈黑色。纳米固体材料（nanometer-sized materials）就这样诞生了。

纳米材料一诞生，即以其异乎寻常的特性引起了材料界的广泛关注。这是因为纳米材料具有与传统材料明显不同的一些特征。例如，纳米铁材料的断裂应力比一般铁材料高 12 倍；气体通过纳米材料的扩散速度比通过一般材料的扩散速度快几千倍等；纳米铜比普通的铜坚固 5 倍，而且硬度随颗粒尺寸的减小而增大；纳米陶瓷材料具有塑性（或称为超塑性）等。

防护材料

由于某些纳米材料透明性好并具有优异的紫外线屏蔽作用。在产品和材料中添加少量（一般不超过含量的 2%）的纳米材料，就会大大减弱紫外线对这些产品和材料的损伤作用，使之更加具有耐久性和透明性。因而被广泛用于护肤品、包装材料、外用面漆、木器保护、天然和人造纤维以及农用塑料薄膜等方面。

精细陶瓷材料

使用纳米材料可以在低温、低压下生产质地致密且性能优异的陶瓷。因为这些纳米粒子非常小，很容易紧密聚合在一起。此外，这些粒子陶瓷组成的新材料是一种极薄的透明涂料，喷涂在诸如玻璃、塑料、金属、漆器甚至磨光的大理石上，具有防污、防尘、耐刮、耐磨、防火等功能。涂有这种陶瓷的塑料眼镜片既轻又耐磨，还不易破碎。

催化剂

纳米粒子表面积大、表面活性中心多，为做催化剂提供了必要的条件。目前用纳米粉材如铂、银、氧化铝和氧化铁等直接用于高分子聚合物氧化、还原及合成反应的催化剂，可大大提高反应效率。利用纳米镍粉作为火箭固体燃料反应催化剂，燃烧效率可提高100倍，如用硅载体镍催化剂对丙醛的氧化反应表明，镍粒径在5nm以下，反应选择性发生急剧变化，醛分解反应得到有效控制，生成酒精的转化率大大增加。

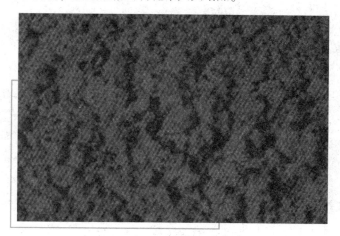

纳米镍粉作为火箭固体燃料

磁性材料

纳米粒子属单磁畴区结构的粒子，它的磁化过程完全由旋转磁化进行，即使不再磁化也是永久性磁体，因此用它可作永久性磁性材料。磁性纳米材料粒子具有单磁畴结构及矫顽力很高的特征，用它来做磁记录材料可以提高信噪比，改善图像质量。当磁性材料的粒径小于临界半径时，粒子就变得有顺磁性，称之为超顺磁性，这时磁相互作用弱。利用这种超强磁性可作磁流体，磁流体具有液体的流动性和磁体的磁性，它在工业废液处理方面有着广阔的应用前景。

传感材料

纳米粒子具有高比表面积、高活性、特殊的物理性质及超微小性等特征，是适合用作传感器材料的最有前途的材料。外界环境的改变会迅速引起纳米材料粒子表面或界面离子价态和电子运输的变化，利用其电阻的显著变化可做成传感器，其特点是响应速度快、灵敏度高、选择性优良。

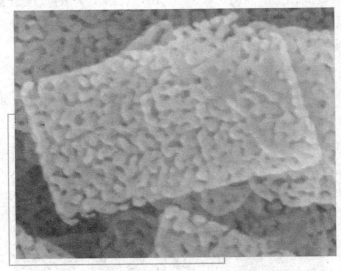

纳米传感器速度快、灵敏度高

材料的烧结

由于纳米粒子的小尺寸效应及活性大，不论高熔点材料还是复合材料的烧结，都比较容易。具有烧结温度低、烧结时间短的特点，而且可得到烧结性能良好的烧结体。例如普通钨粉可在3000℃的高温下烧结，而当掺入0.1%～0.5%的纳米镍粉时，烧结成型温度可降低到1200～1311℃。

医学与生物工程

纳米粒子与生物体有着密切的关系。如构成生命要素之一的核糖核酸蛋白质复合体，其粒度在15～20nm之间，生物体内的多种病毒也是纳米粒子。此外用纳米SiO_2微粒可进行细胞分离，用金的纳米粒子进行定位病变治疗，以减少副作用。研究纳米生物学可以在纳米尺度上了解生物大分子的精细结构及其与功能的关系，获取生命信息，特别是细胞内的各种信息。利用纳米粒子研制成机器人，注入人体血管内，对人体进行全身健康检查，疏通脑血管中的血栓，清除心脏动脉脂肪沉积物，甚至还能吞噬病毒、杀死癌细胞等。

印刷油墨

根据纳米材料粒子大小不同，具有不同的颜色这一特点，可不依靠化学颜料而选择颗粒均匀、体积适当的粒子材料来制得各种颜色的油墨。

能源与环保

德国科学家正在设计用纳米材料制作一个高温燃烧器，通过电化学反应过程，不经燃烧就把天然气

纳米防伪印刷油墨运用在服饰上

转化为电能。天然气的利用率要比一般电厂提高 20% ~ 30%，而且大大减少了二氧化碳的排气量。

微器件材料

微器件纳米材料，特别是纳米线，可以使芯片集成度提高，电子元件体积缩小，使半导体技术取得突破性进展，大大提高了计算机的容量和运行速度，对微器件制作起决定性的推动作用。纳米材料在使机器微型化及提高机器容量方面的应用前景被很多发达国家看好，甚至有人认为它可能引发新一轮工业革命。

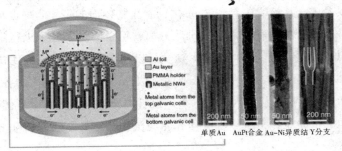

单质Au　AuPt合金 Au-Ni异质结 Y分支

金属纳米线制备示意图

光电材料与光学材料

纳米材料由于其特殊的电子结构与光学性能，作为非线性光学材料、特异吸光材料、军事航空中用的吸波隐身材料，以及包括太阳能电池在内的储能及能量转换材料等具有很高的应用价值。

增强材料

纳米结构的合金具有很高的延展性，在航空航天工业与汽车工业中是一类很有应用前景的材料；纳米硅作为水泥的添加剂可大大提高其强度；纳米纤维作硫化橡胶的添加剂可制成橡胶并提高其回弹性，纳米管在作纤维增强材料方面也有潜在的应用前景。

纳米材料的应用

采用纳米材料能分离仅在分子结构上有微小差别的多组混合物，得到纳米滤膜材料。其他还有将纳米材料用作火箭燃料推进剂、H_2分离膜、颜料稳定剂及智能涂料、复合磁性材料等。纳料材料由于具有特异的光、电、磁、热、声、力、化学和生物学性能，广泛应用于宇航、国防工业、磁记录设备、计算机工程、环境保护、化工、医药、生物工程和核工业等领域。不仅在高科技领域有不可替代的作用，也为传统产业带来生机和活力。可以预言，纳米材料制备技术的不断开发及应用范围的拓展，必将对传统的化学工业和其他产业产生重大影响。

多姿多彩的碳纳米世界

谈谈富勒烯

提到"碳"这个名词的时候，你首先想到的是什么？是不小心粘在手上洗不掉的黑色粉末？是小学生常用的铅笔里滑滑的石墨笔芯？还是女士颈上闪闪发光的钻石？实际上，碳的世界远比这些更丰富多彩。如今，人们对世界的认识已经达到了一个更新的层次——纳米尺度。在碳的纳米世界里，有两个新的家族成员——富勒烯和碳纳米管。它们是除无定型碳、石墨和金

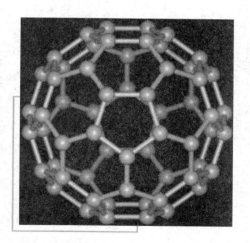

富勒烯的形象图

刚石外新的碳的同素异形体，已经引起科学家广泛的兴趣。

1985 年发现的富勒烯是由碳原子组成的笼状分子化合物，是典型的零维纳米结构，其中最有代表性的当首推 C60。它是由 60 个碳原子组成的、含有 12 个五边形和 20 个六边形的 32 面体，和足球的形状完全相同。因此，富勒烯也叫"足球烯"。C60 的发现为人们开辟了一个崭新的研究领域，在全球范围内掀起了一场罕见的"碳足球"热。科学家们对这个小小的纳米足球的狂热程度，绝不比风靡全球的世界杯逊色。为了纳米世界的"大力神杯"，科学家们废寝忘食，为每一场胜利而欢呼，为每一次失败而落泪。美国科学家 Curl 和 Smalley 教授及英国科学家 Kroto 教授因为富勒烯的发现获得了 1996 年度的诺贝尔化学奖，那曾是纳米足球的盛典。

历时十几年，人们对富勒烯和碳纳米管的认识已经实现了飞跃，在这个全新的碳纳米世界里，自然界最普通的、经常以一袭素衣出现的碳元素，呈现出多姿多彩的一面。

富勒烯和碳纳米管的魅力不仅在于它完美的结构，华丽的色彩，还在于它的多种多样的物理化学性质，以及由此而带来的广阔的应用前景。

由于富勒烯和金属富勒烯独特的分子结构赋予了它们特殊的物理化学性质，人们预期它们将在生物体系、功能材料、催化剂等许多领域大放异彩，而最有可能实现的是金属富勒烯在医学领域的应用。例如金属富勒烯可以成为新一代的核磁成像造影剂。与现在临床上用的造影剂相比，在同样的剂量的条件下，可以呈现更清晰的图像。另外金属富勒烯还有可能成为高效低毒的抗肿瘤药物，与临床上常用的顺铂或环磷酰胺比较，同样的肿瘤抑制率，用量只是它们的 1/5 ~ 1/60，而且没有任何副作用。中科院高能物理所的这一研究成果使富勒烯有望成为众多抗癌药物中的一颗明星。

碳纳米的时代

近年来，碳纳米技术的研究相当活跃，多种多样的纳米碳结晶，针状、棒状、桶状等层出不穷。2000 年德国和美国科学家还制备出由 20 个碳原子组成的空心笼状分子。根据理论推算，20 个碳原子构成的 C60 分子是富勒烯式结构分子中最小的一种，考虑到原子间结合的角度、力度等问题，人们一直认为这类分子很不稳定，难以存在。德、美科学家制出的 C60 笼状分子为材料学领域解决了一个重要的研究课题。碳纳米材料中纳米碳纤维、纳米碳管等新型碳材料具有许多优异的物理和化学特性，被广泛地应用于诸多领域。

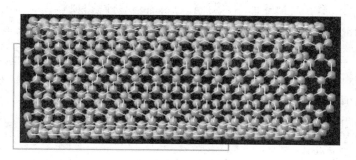

碳纳米时代的到来

纳米碳材料主要包括三种类型：碳纳米管、碳纳米纤维、纳米碳球。

碳纳米管

碳纳米管是由碳原子形成的石墨烯片层卷成的无缝、中空的管体，一般可分为单壁碳纳米管、多壁碳纳米管和双壁碳纳米管。

碳纳米管是 1991 年日本的科学家饭岛教授在高分辨透射电子显微镜下发现的。和富勒烯不同的是，完美的碳纳米管是由碳原子组成的六边形的管状结构，类似于单个或多个石墨层卷曲而成（单壁碳纳米管或多壁碳纳米管），而只在管子的两端由五边形提供一定的曲率而闭合。碳管的发现被世界权威杂志《科学》评为 1997 年度人类十大科学发现之一。而更重要的是，碳管使各种一维纳米结构进入人们的视野。

很难想象我们印象中漆黑的碳所形成的纳米碳笼是五颜六色的吧？它们的溶液颜色可以依碳笼大小而改变：60 个碳原子形成的碳笼（C60）是紫色的，70 个碳原子形成的碳笼（C70）变成暗红色，而由 80 个碳形成的碳笼（C80）则是绿色的……在碳笼的空腔内包入金属原子形成的金属富勒烯溶液也同样异彩纷呈，包入金属钬的富勒烯是桔红色的，包入金属钆的

39

富勒烯是棕色的，而包入金属铕的富勒烯发出绿宝石一样的光芒……不仅如此，由碳元素组成的纳米管还拥有荧光等新的光学性质。

碳纳米管的性质和应用同样独领风骚。由于良好的机械特性、电学和力学等性能，碳纳米管在复合材料、纳米电子元件、化学生物传感器等方面成为另一种很有前途的纳米材料。例如，中科院物理所合成的挑战理论极限的世界上最细的纳米管（管径0.5nm）在5K（−268.15℃）时就有超导特性。在生物医学领域，将生物分子（如DNA）连接到管子上可以做生物传感器或起到运输、传递药物的作用。金属富勒烯和碳纳米管的完美结合——纳米豌豆荚（peapod）使半导体型纳米管分割成多个量子点，这种材料可以用于纳米电子或纳米光电子器件。

碳纳米纤维

分为丙烯腈碳纤维和沥青碳纤维两种。碳纳米纤维质轻于铝而强度高于钢，它的比重是铁的1/4，强度是铁的10倍，除了有高超的强度外，其化学性能非常稳定，耐腐蚀性高，同时耐高温和低温、耐辐射、消臭。碳纤维可以使用在各种不同的领域，如航空器材、运动器械、建筑工程的结构材料，缺点是制造成本高。美国伊利诺伊大学发明了

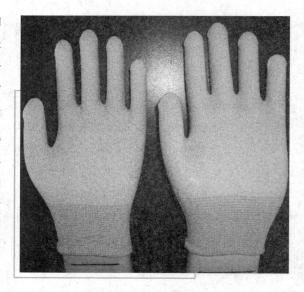

碳纤维防静电手套

一种廉价碳纤维，有高强的韧性，同时有很强劲的吸附能力、能过滤有毒的气体和有害的生物，可用于制造防毒衣、面罩、手套等防护性服装。

纳米碳球

根据尺寸大小将碳球分为：（1）富勒烯族系 C_n 和洋葱碳（具有封闭的石墨层结构，直径在 $2\sim20$nm），如 C60，C70 等；（2）未完全石墨化的纳米碳球，直径在 50nm$\sim1\mu$m；（3）碳微珠，直径在 11μm 以上。另外，根据碳球的结构形貌可分为空心碳球、实心硬碳球、多孔碳球、核壳结构碳球和胶状碳球等。

在中国，很多科学家在碳纳米领域都做出了卓越的成绩，这些醉心于碳纳米世界的人，既是科学家，又是艺术家，还是魔术师。他们不仅让我们从一个全新的角度认识世界，而且为我们创造一个五彩缤纷的新天地。

富勒烯和碳纳米管已对化学、物理和材料科学产生了深远的影响，随着研究的不断深入，全新的碳纳米世界预计将给人类带来巨大的财富。

41

纳米与生产生活

纳米材料在生产中的应用

纳米材料在工程上的应用

纳米材料的小尺寸效应使得通常在高温下才能烧结的材料如 Si、C 等在纳米尺度下用较低的温度即可烧结，另一方面，纳米材料作为烧结过程中的活性添加剂使用也可降低烧结温度，缩短烧结时间。由于纳米粒子的尺寸效应和表面效应，使得纳米复合材料的熔点和相转变温度下降，在较低的温度下即可得到烧结性能良好的复合材料。由纳米颗粒构成的纳米陶瓷在低温下出现良好的延展性。纳米 TiO_2 陶瓷在室温下具有良好的韧性，即使在 180℃ 下经受弯曲而不产生裂纹。纳米复合陶瓷具有良好的室温和高温力学性能，在切削刀具、轴承、汽车发动机部件等方面应用广泛，在许多超高温、强腐蚀等许多苛刻的环境下起着其他材料无法取代的作用。随着陶瓷多层结构在微电子器件的封装、电容器、传感器等方面的应用，利用纳米材料的优异性能来制作高性能电子陶瓷材料也成为一大热点。有人预计纳米陶瓷很可能发展成为跨世纪新材料，使陶瓷材料的研究出现一个新的飞跃。纳米颗粒添加到玻璃中，可以明显改善玻璃的脆性。无机纳米颗粒具有很好的流动性，可以用来制备在某些特殊场合下使用的固体润滑剂。

汽车节油器专用纳米陶瓷球

纳米材料在涂料方面的应用

纳米材料由于其表面和结构的特殊性，具有一般材料无法比拟的优异性能，显示出强大的生命力。表面涂层技术也是当今世界关注的热点。纳米材料为表面涂层提供了良好的机遇，使得涂料的功能化具有极大的可能。借助于传统的涂层技术，添加纳米材料，可获得纳米复合体系涂层，实现功能的飞跃，使得传统涂层功能改性。涂层按其用途可分为结构涂层和功能涂层。结构涂层是指涂层提高基体的某些性质和改性；功能涂层是赋予基体所不具备的性能，从而获得传统涂层没有的功能。结构涂层有超硬、耐磨涂层，抗氧化、耐热、阻燃涂层，耐腐蚀、装饰涂层等；功能涂层有消光、光反射、光选择吸收的光学涂层，导电、绝缘、半导体特性的电学涂层，氧敏、湿敏、气敏的敏感特性涂层等。在涂料中加入纳米材料，可进一步提高其防护能力，实现防紫外线照射、耐大气侵害和抗降解、变色等功能。应用在卫生用品上可起到杀菌保洁作用。在标牌上使用纳米材料涂层，可利用其光学特性，达到储存太阳能、节约能源的目的。在建材产品如玻璃、涂料中加入适宜的纳米材料，可以达到减少光的透射和热传递，达到隔热、阻燃等效果。

日本松下公司已研制出具有良好静电屏蔽功能的纳米涂料，所应用的纳米微粒有氧化铁、二氧化钛和氧化锌等。这些具有半导体特性的纳米氧化物粒子，在室温下具有比常规的氧化物更高的导电特性，因而能起到静电屏蔽作用，而且氧化物纳米微粒的颜色不同，这样还可以通过复合控制静电屏蔽涂料的颜色，克服炭黑静电屏蔽涂料只有单一颜色的单调性。纳米材料的颜色不仅随粒径而变，还具有随角度变色的效应。在汽车的装饰喷涂业中，将纳米 TiO_2 添加在汽车、轿车的金属闪光面漆中，能使涂层产生丰富而神秘的色彩效果，从而使传统汽车面漆旧貌换新颜。纳米 SiO_2 是一种抗紫外线辐射的材料。在涂料中加入纳米 SiO_2，可使涂料的抗老化性能、光洁度及强度成倍增加。纳米涂层具有良好的应用前景，将为涂层技术带来一场新的技术革命，同时也将推动复合材料的研究开发与应用。

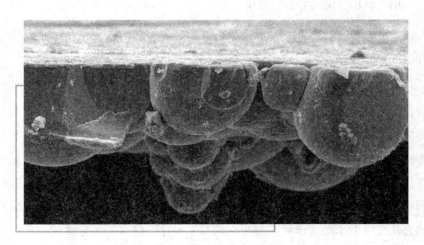

纳米涂层的放大示意图

纳米材料在催化方面的应用

催化剂在化工领域中起着举足轻重的作用，它可以控制反应时间、提高反应效率和反应速度。大多数的传统催化剂不仅催化效率低，而且其制备是凭经验进行，不仅造成生产原料的巨大浪费，使经济效益难以提高，而且对环境也造成污染。纳米粒子表面活性中心多，为它作催化剂提供了必要条件。纳米粒子作催化剂，可大大提高反应效率，控制反应速度，甚至使原来不能进行的反应也能进行。纳米粒子作为催化剂比一般催化剂的反应速度提高 10～15 倍。

光催化反应涉及到许多反应类型，如醇与烃的氧化，无机离子氧化还原，有机物催化脱氢和加氢、氨基酸合成，固氮反应，水净化处理，水煤气变换等，其中有些多相催化是难以实现的。半导体多相光催化剂能有效地降解水中的有机污染物。有文章报道称，选用硅胶为基质，制得了催化活性较高的 TiO/SiO_2 负载型光催化剂。Ni 或 Cu-Zn 化合物的纳米颗粒，对某些有机化合物的氢化反应是极好的催化剂，可代替昂贵的铂或钮催化剂。

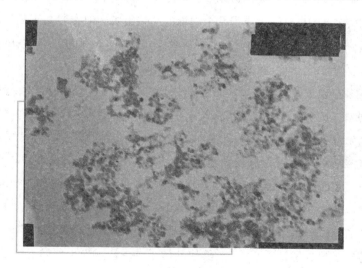

催化剂用纳米二氧化钛

纳米铂黑催化剂可使乙烯的氧化反应温度从600℃降至室温。用纳米粒子作催化剂以提高反应效率、优化反应路径、提高反应速度方面的研究，是未来催化科学不可忽视的重要研究课题，很可能给催化剂在工业上的应用带来革命性的变革。

纳米陶瓷材料增韧改性

陶瓷材料作为材料的三大支柱之一，在日常生活及工业生产中起着举足轻重的作用。但是，由于传统陶瓷材料质地较脆，韧性、强度较差，因而使其应用受到了较大的限制。随着纳米技术的广泛应用，纳米陶瓷随之产生，希望以此来克服陶瓷材料的脆性缺点，使陶瓷具有像金属一样的柔韧性和可加工性。英国著名材料专家Cahn指出纳米陶瓷是解决陶瓷脆性的战略途径。所谓纳米陶瓷，是指显微结构中的物相具有纳米级尺度的陶瓷材料，也就是说晶粒尺寸、晶界宽度、第二相分布、缺陷尺寸等都是在纳米量级的水平上。要制备纳米陶瓷，这就需要解决粉体尺寸、形貌和分布的控制，团聚体的分散和控制，块体形态、缺陷、粗糙度以及成分的控制。著名科学家Gleiter指出，如果多晶陶瓷是由大小为几个纳米的晶粒组成，则能够在低温下表现出延展性，可发生100%的塑性形变。科学家还发现，纳米TiO_2陶瓷材料在室温下具有优良的韧性，在180℃经受弯曲而不产生裂纹。

许多专家认为，如能解决单相纳米陶瓷的烧结过程中抑制晶粒长大的技术问题，从而生产出陶瓷晶粒尺寸在50nm以下的纳米陶瓷，这样它将具有的高硬度、高韧性、低温超塑性、易加工等传统陶瓷无与伦比的优点。上海硅酸盐研究所研究发现，纳米3Y–TZP陶瓷（晶粒尺寸在100nm左右）在经室温循环拉伸试验后，其样品的断口区域发生了局部超塑性形变，形变量高达380%，并从断口侧面观察到了大量通常出现在金属断口的滑移线。还有专家对制得的Al_2O_3–SiC纳米复相陶瓷进行拉伸蠕变实验，结果发现伴随晶界的滑移，Al_2O_3晶界处的纳米SiC粒子发生旋转并嵌入Al_2O_3晶粒之中，从而增强了晶界滑动的阻力，也即提高了Al_2O_3–SiC纳米复相陶瓷的蠕变能力。

纳米金属的成员

钴（Co）

高密度磁记录材料：利用纳米钴粉记录密度高、矫顽力高（可达 119.4KA/m）、信噪比高和抗氧化性好等优点，可大幅度改善磁带和大容量软磁盘或硬磁盘的性能。

磁流体：用铁、钴、镍及其合金粉末生产的磁流体性能优异，可广泛应用于密封减震、医疗器械、声音调节、光显示等。

吸波材料：金属纳米粉体对电磁波有特殊的吸收作用。铁、钴、氧化锌粉末及碳包金属粉末可作为军事用高性能毫米波隐形材料、可见光——红外线隐形材料和结构式隐形材料，以及手机辐射屏蔽材料。

钴的黑色粉末

铜（Cu）

金属和非金属的表面导电涂层处理：纳米铝、铜、镍粉体有高活化表面，在无氧条件下可以在低于粉体熔点的温度实施涂层。此技术可应用于微电子器件的生产。

高效催化剂：铜及其合金纳米粉体用作催化剂，效率高、选择性强，可用于二氧化碳和氢合成甲醇等反应过程中的催化剂。

导电浆料：用纳米铜粉替代贵金属粉末成为制备性能优越的电子浆料，

铜制的扣头

可大大降低成本。此技术将促进微电子工艺的进一步优化。

铁（Fe）

高性能磁记录材料：利用纳米铁粉的矫顽力高、饱和磁化强度大（可达 $1477km^2/kg$）、信噪比高和抗氧化性好等优点，可大幅度改善磁带和大容量磁盘的性能。

高性能磁记录材料的铁

导磁浆料：利用纳米铁粉的高饱和磁化强度和高磁导率的特性，可制成导磁浆料，用于精细磁头的黏结结构等。

纳米导向剂：一些纳米颗粒具有磁性，以其为载体制成导向剂，可使药物在外磁场的作用下聚集于体内的局部，从而对病理位置进行高浓度的药物治疗，特别适于癌症、结核等有固定病灶的疾病。

镍（Ni）

磁流体：铁、钴、镍及其合金粉末可广泛应用于密封减震、医疗器械、声音调节、光显示等。

高效催化剂：由于比表面具有高活性，纳米镍粉具有极强的催化效果，可用于有机物氢化反应、汽车尾气处理等。

高效助燃剂：将纳米镍粉添加到火箭的固体燃料推进剂中可大幅度提高燃料的燃烧热、燃烧效率，改善燃烧的稳定性。

镍生产的磁流体可以用于医疗器械

导电浆料：电子浆料广泛应用于微电子工业中的布线、封装、连接等，对微电子器件的小型化起着重要作用。用镍、铜、铝纳米粉体制成的电子浆料性能优越，有利于线路进一步微细化。

高性能电极材料：用纳米镍粉辅加适当工艺，能制造出具有巨大表面积的电极，可大幅度提高放电效率。

活化烧结添加剂：纳米粉末由于表面积和表面原子所占比例都很大，所以具有较高的能量状态，在较低温度下便有较强的烧结能力，是一种有效的烧结添加剂，可大幅度降低粉末冶金产品和高温陶瓷产品的烧结温度。由于纳米铝、铜、镍有高活化表面，在无氧条件下可以在低于粉体熔点的温度实施涂层，用于金属和非金属的表面导电涂层处理。这种涂层技术可应用于微电子器件的生产。

锌（Zn）

高效催化剂：锌及其合金纳米粉体用作催化剂，效率高、选择性强，可用于二氧化碳和氢合成甲醇等反应过程中的催化剂。

话说纳米塑料

"纳米塑料"是指基体为高分子聚合物，通过纳米粒子在塑料树脂中的充分分散，有效地提高了塑料的耐热、耐酸、耐磨等性能。"纳米塑料"能使普通塑料具有像陶瓷材料一样的刚性和耐热性，同时又保留了塑料本身所具备的韧性、耐冲击性和易加工性。目前，能实行产业化的有通过纳米粒子改性的 NPE、NPET 和 NPA6（即纳米聚乙烯、纳米 PET 聚脂、纳米尼龙6）。利用纳米粒子，将银（Ag^+）加入到粒子表面的微孔中并使其趋于

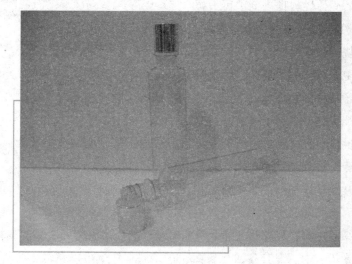

纳米塑料瓶

稳定，就能制成纳米载银抗菌材料，将这种材料加入到塑料中去就能使塑料具有抗菌防霉，自洁等优良性能，成为绿色环保产品。目前，已在 ABS、SPVC、HIPS、PP 塑料中得到应用。

"纳米塑料"是一种高科技的新材料，具有很好的发展前景，由于国内对这种新材料还缺乏认识，没有完整的质量保证体系和严密的生产管理，正处于一种"一哄而上"的形势，鱼目混珠、真假难辨，使"纳米塑料"一开始便面临"夭折"的危险。因此，科学家迫切希望国家有关部门能通过相应的标准和法规来保护这一新材料，促进它的健康成长。

纳米通用塑料

通用塑料指聚乙烯（PE）、聚丙烯（PP）、聚氯乙烯（PVC）、聚苯乙烯（PS）和丙烯酸类塑料等大塑料品种。

对于这类塑料的改性，过去多是采用加入填充料的方式，首先是为了降低成本，后来是为了增韧以得到工程塑料，并进一步向塑料功能化发展，通过添加料的方法可以得到具有导电、抗静电、热塑磁性和压敏等功能的塑料。

纳米材料的出现，为添加型塑料提供了广阔的空间。其中，通用塑料首当其冲，纳米技术最早就是用于通用塑料的改性。例如：纳米碳酸钙对高密度聚乙烯的改性，当加入碳酸钙的质量分数为 20% 以下时，其耐冲击强度随加入碳酸钙的增加而增加，拉伸和弯曲强度也有所提高。

在此，填料有一个最大加入百分比，即有一个加入最大值，而且，该值和碳酸钙的表面处理类型有关。未经表面处理的纳米碳酸钙填充体系的耐冲击强度随碳酸钙用量呈逐渐增加趋势，即碳酸钙用量越多，材料可承受的冲击力度越大。经表面处理后，材料的耐冲击强度随碳酸钙用量变化规律已完全改变。材料在低纳米碳酸钙含量（约 4% ~6%）时即实现增韧目的，耐冲击强度提高接近一倍，增韧效果显著；当碳酸钙用量进一步增加时，材料的冲击强度呈缓慢下降的趋势。而几种表面处理剂对拉伸弯曲性能的影响基本相同；与处理体系相比，经表面处理后材料的拉

51

伸、弯曲性能并无明显改善。

此外，还有纳米 PVC、纳米 PP、纳米 PAA、纳米 PS 等都是加入不同的纳米材料得到的几种纳米通用塑料。

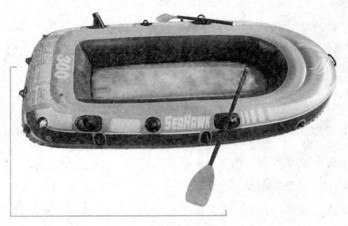

纳米 PVC 材料的成品

纳米工程塑料

纳米工程塑料指纳米材料对尼龙（PET）、聚酯（PBE）的改性工程塑料。

尼龙加入纳米黏土改变了它的各种性能指标，例如：尼龙加纳米黏土使其结晶性改变。原来尼龙在热分析上 DSC 图谱上只有一个熔融峰，加入纳米黏土后，有三个熔融峰，说明纳米尼龙中有三种晶体存在。纳米黏土增强了尼龙的力学性能。

纳米黏土对尼龙的影响是减少了尼龙的半结晶时间，降低了尼龙的平衡点。这些表明：纳米尼龙的力学性能、热性能得到了提高，对气体、水蒸气的阻隔性也有很大的改善。纳米尼龙的结晶速率的提高，使成型时模具温度降低，加工性能也随之提高。用做工程塑料时，还可以不添加结晶成核剂、结晶促进剂和坚韧剂而直接与其他填料复合。由于纳米填充粒子尺寸很小，塑料在加入纳米材料后仍能保持一定的透明性。实际应用中可以通过加工条件控制使其制品透明、半透明或不透明，以适应不同场合的需要。实践表明由纳米 PET 吹制的瓶材具有良好的阻隔性，是啤酒和软饮料的理想包装材料。

纳米涂层工程塑料

纳米特种工程塑料

纳米特种工程塑料是利用纳米材料对聚四氟乙烯（PTFE）、聚酰亚胺（PI）、聚醚醚酮（PEEK）等改性的特种工程塑料。

PTFE 是一种性能良好的特种工程塑料，常用于滑动摩擦零件。但由于纯 PTFE 的硬度低，耐磨性差，近年来人们对 PTFE 的改性进行了很多研究。发现在 PTFE 中加入石墨、二硫化钼、铜粉、玻纤、碳纤等，可以显著提高其强度、硬度及耐磨性。

双马来酰亚胺树脂是航天、航空、火箭、导弹制造中用量较大的树脂品种，但这种材料固化温度高，材料内应力偏大，加工性能不好。为解决这一问题，以前多采用引发剂或催化剂来降低其固化温度，但效果并不十分明显。纳米材料作为改善高分子材料力学性能的添加剂，在提高双马来酰亚胺树脂的韧性、溶解性方面具有明显的效果。经过试验，纳米二氧化

聚四氟乙烯（PTFE）管棒

钛对双马来酰亚胺树脂的固化具有催化作用，它可使树脂固化温度降低，并使固化后的树脂玻璃化温度提高。

　　PEEK 是重要的耐热性热塑性树脂，属特种工程塑料，是近 20 年来研究最多的高性能塑料品种，已在航天、航空、火箭和导弹零部件上得到较为广泛应用，主要用做耐热零部件，而在民用中多用做摩擦材料。

聚醚醚酮 PEEK 树脂

将纳米 SiC 陶瓷微粒作为填充 PEEK，能显著地改善其摩擦性能和部分力学特性。

为了比较纳米 SiC 陶瓷粒子填充 PEEK 和微米 SiC 陶瓷粒子填充 PEEK 的摩擦特性，有人利用热压法分别以纳米 SiC 和微米 SiC 作为填料，制取了两种不同 SiC 填充的聚醚醚酮材料，并对它们在相同摩擦条件下的摩擦磨损性能进行了研究。同时还用电子扫描显微镜对摩擦表面形貌进行了观察，进而对材料的磨损机理作了分析。研究结果表明，10% 纳米 SiC 作为填料能有效地改善 PEEK 的摩擦磨损性能，而相同含量的微米 SiC 作为填料只能使 PEEK 耐磨性能有所改善，但没有减摩效果。微米 SiC 填充 PEEK 的磨损方式是以严重的犁削和磨粒磨损为主，而纳米 SiC 填充 PEEK 的磨损方式则是以轻微的黏着磨损为主。这表明纳米 SiC 的加入大大改善了材料的耐磨性。

纳米功能塑料

纳米功能塑料是指加入纳米材料使塑料增加了某些功能的塑料，例如，加入二氧化钛的导电塑料，加入磁粉的磁性塑料，加入抗菌剂的抗菌塑料

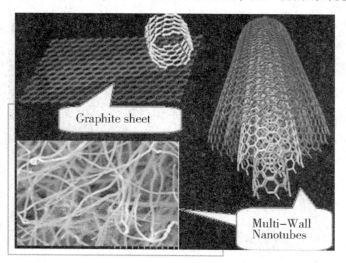

纳米导电管示意图

和加入纳米荧光剂的荧光塑料等。下面介绍几种主要的功能塑料。

1. 纳米导电塑料。聚吡咯（PPY）在空气中具有较好的稳定性，但它的力学性能、加工性能和导电性能限制了其应用。为解决它的刚性主链引起的加工困难，采用化学方法调整聚合物的主链结构，使吡咯单体与适当的功能化单体共聚，使用聚合物型或表面活性剂型的掺杂阴离子，合成稳定 PPY 胶体粒子。为综合改善 PPY 的导电性和成型问题，人们曾尝试过的合成方法有电化学合成法、化学蒸气沉积法和化学合成法。尽管如此，PPY 的力学性能、加工性能和导电性能仍不理想。

选择水为介质，以三氯化铁为氧化剂进行化学聚合，方法简单、易行。在加入纳米二氧化硅粒子后所得的 PPY 粉末便于冷压成型，可用作二次电池的电极材料、免疫医学的示踪剂、离子传感器、抗静电屏蔽材料、太阳能材料。

2. 纳米抗菌塑料。纳米抗菌塑料是近年来应用最多的纳米塑料，特别是在家电产品上。纳米抗菌塑料主要是在塑料中或表面加入纳米抗菌剂，例如：二氧化钛、氧化锌和沸石、磷酸复盐等，制得纳米抗菌塑料。可广泛应用于冰箱、洗衣机、卫生洁具。

纳米抗菌塑料管

3. 纳米吸波材料。吸波材料在现代和未来战争中起着重要作用，尤其在武器隐形装备方面。因此，吸波材料已逐渐发展成为一种重要的新型材料。所谓吸波材料是指能够通过自身的吸收作用来减少雷达波的材料，其基本原理是将雷达波转换成为其他形式的能量（如机械能、电能和热能）并消耗掉。

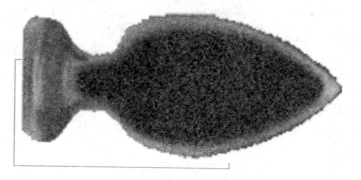

纳米吸波材料

目前雷达吸波材料主要由吸收剂与高分子树脂组成，而决定吸波性能的关键是吸收剂的类型和含量。根据吸收机理的不同，吸收剂可分为电损耗型和磁损耗型两大类。

新型材料——纳米磁性材料

磁性是物质的基本属性之一，磁性材料是古老而用途十分广泛的功能材料。纳米磁性材料是 20 世纪 70 年代后逐步产生、发展、壮大而成为最具宽广应用前景的新型磁性材料。美国政府一直大幅度追加纳米科技研究经费，其原因之一是磁电子器件巨大的市场与高科技所带来的高利润。其中巨磁电阻效应高密度读出磁头的市场价值估计为 10 亿美元，目前已进入大规模的工业生产，磁随机存储器的市场价值估计为 1 千亿美无，预计不久将投入生产。

纳米磁性材料成品

纳米磁性材料及应用大致上可分三大类型：

1. 纳米颗粒型（磁记录介质、磁性液体、磁性药物、吸波材料等）；

2. 纳米微晶型（纳米微晶永磁材料、纳米微晶软磁材料等）；

3. 纳米结构型（人工纳米结构材料、薄膜、颗粒膜、多层膜、隧道结、天然纳米结构材料、钙钛矿型化合物等）。

纳米磁性材料的特性不同于常规的磁性材料，其原因在于它与磁相关的特征的物理长度恰好处于纳米量级，例如：单磁畴尺寸，超顺磁性临界尺寸，交换作用长度，以及电子平均自由路程都大致处于 1~100nm 量级，当磁性体的尺寸与这些特征物理长度相当时，就会呈现反常的磁学性质。

磁性材料与信息化、自动化、机电一体化、以及国防，国民经济的方方面面紧密相关。磁记录材料至今仍是信息工业的主体，磁记录工业的产值每年约 2 千亿美元。为了提高磁记录密度，磁记录介质中的磁性颗粒尺寸已由微米、亚微米向纳米尺度过度，例如合金磁粉的尺寸约 80nm，钡铁氧体磁粉的尺寸约 40nm。进一步发展的方向是所谓"量子磁盘"，利用磁纳米线的存储特性，记录密度预计可达 400Gb/in^2（相当于每平方厘米可存储 20 万部红楼梦），超顺磁性所决定的极限磁记录密度理论值约为 6000Gb/in^2。近年来，磁盘记录密度突飞猛进，现已超过 10Gb/in^2，其中最主要的原因是应用了巨磁电阻效应的读出磁头，而巨磁电阻效应是基于电子在磁性纳米结构中与自旋相关的输运特性。

磁性纳米材料的应用

磁性液体最先用于宇航工业，后应用于民用工业。这是十分典型的纳米颗粒的应用，它是由超顺磁性的纳米微粒包覆了表面活性剂，然后弥散在基液中而构成。目前美、英、日、俄等国都有生产磁性液体的公司。磁性液体广泛地应用于旋转密封，如磁盘驱动器的防尘密封、高真空旋转密封等，以及扬声器、阻尼器件、磁印刷等应用。

磁性纳米颗粒作为靶向药物，细胞分离等医疗应用也是当前生物医学的一热门研究课题，有的药物已步入临床试验。

1967 年 $SmCo_5$——第一代稀土永磁材料问世，树立了永磁材料发展史上新的里程碑，1972 年第二代 $SmCo_{17}$——稀土永磁材料研制成功，1983 年高性能、低成本的第三代稀土永磁材料 NdFeB 诞生，奠定了稀土永磁材料在永磁材料中的霸主地位。1993 年日本稀土永磁的产值首次超过永磁铁氧体，2000 年全球烧结 NdFeB 的产值已达到 30 亿美元，并超过永磁铁氧体。烧结 NdFeB 的幅度磁性能为永磁铁氧体的 12 倍，因此，在相似的情况下，体积、重量将大幅度减小，从而实现高效、低能的目标。纳米复合双柏稀土永磁材料适用于制备微型、异型电机，是稀土永磁材料研究与应用中的重要方向。

59

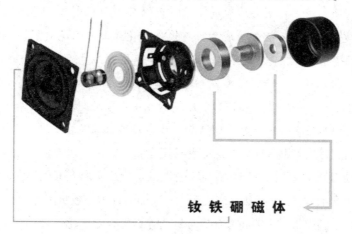

钕 铁 硼 磁 体

稀土永磁材料

磁电子纳米结构器件是 20 世纪末最具有影响力的重大科研成果。除巨磁电阻效应读出磁头、MRAM、磁传感器外，全金属晶体管等新型器件的研究正方兴未艾。磁电子学已成为一门颇受青睐的新学科。

农业发展与纳米技术

纳米技术在农业上应用十分广泛，特别是食品加工及传统农业改造。纳米材料固化酶，用于食品加工和酿造业及沼气发酵，可以大大提高生产效率；用纳米膜技术，可以分离食品中多种营养和功能性物质。

利用纳米加工、粉碎技术粉碎的磷矿石，可以直接用于农作物，能大量减少制磷肥用硫酸的使用。动物杂碎骨、珍珠、蚕丝、茶叶等农副产品都可用纳米加工技术进行粉碎，可生产食品、化妆品、保健品等，经纳米加工技术粉碎至 1 微米以下尺度，加上适当助剂，就能成为很好的杀菌剂，甚至可以把一些固体农药直接加工成纳米农药。这种纳米级农药，易进入害虫的呼吸系统、消化系统及表皮内发挥其杀灭害虫的作用。

利用纳米技术中的光催化技术，可以消除水果、蔬菜表面的农药残余及其他污染。这一技术还可以光、水、氧气等为原料生产杀菌农药。因为光催化技术可使水、氧气等成为具有极强氧化还原能力的物质，可以杀灭细菌、真菌和病毒。这种农药适用于绿色、有机食品生产。

纳米技术还有可能将纤维素粉碎成单一葡萄糖和纤维二糖等，使地球上丰富的有机物成为人、畜可以利用的营养物质和化工原料。

利用纳米技术，只要操纵 DNA 链上少数几种氨基酸甚至改变几个原子的排列，就可以培养出有新性状的品种甚至全新的物种。纳米技术也为光合作用、生物固氮、生物制氢等具有重大意义的生物反应的人工模拟实验提供可能。因为纳米材料粉末极细，表面积大、表面活性中心数目多，催化能力强，为光解水、利用二氧化碳和水合成有机物等提供有效催化手段。利用纳米材料可以制成防紫外线、转光和有色农用膜，而且也能生产可分解发地膜等。

纳米技术在农业上的应用前景十分广阔，必将进一步促进农业新技术革命。

纳米技术与水产养殖

纳米技术与水产养殖，乍听起来是风马牛不相及的事，但实践证明，纳米技术解决了传统的水产养殖技术解决不了的养殖困境。不仅是水产养殖，我国目前的许多领域发展都离不开纳米科技，纳米科技是 21 世纪的领跑技术，不要小觑这小不点东西。纳米科技能在世界前沿科技中脱颖而出，主要因为它确实能改造、提升、替代传统产业，改变世界的面貌。

纳米科技进鱼塘

微生物是"生物催化剂"，纳米材料是"物理催化剂"，催化剂本身的结构、物理性质、化学性质、催化作用及催化过程都是很复杂的，但它的综合效应已进一步得到研究证实。纳米材料在水产养殖上的应用开发，可以它的催化效应为主线，开发其二、三次效应。下面介绍已知的几种效应。

维生效应——一元化纳米生物包内循环过滤净水设备

一元化纳米生物包内循环过滤净水设备集净化、碱化、离子化、活化等功能为一体，法国、加拿大、日本都有这类产品。第一级为功能泡沫，可滤去固态微粒污染物，并可更换清洗。第二级为功能生物陶粒（环）、陶片及纳米生物球，为净水微生物载体。它遇水后即释放量子能量和频率，瞬间产生大量 OH（羟基）和 O（超氧基），使水呈离子化和碱化，并释放有益

一元化纳米生物包内循环过滤净水设备

微量元素，亦使水分子团变小，活性提高。第三级为活性炭，去除剩余色素、水溶性有机废物、残留物。

一元化纳米生物包内循环过滤净水设备，须在水中少量接种纳米微生物菌和放置纳米净水生态基，以其为载体，可有效降解鱼、虾、贝、蟹、海参的代谢产物及氨类、碳类、硫类等污染物，以达到改善水质，增加透明度，疏通滤料的功能。一般情况不需要杀菌灯，因为净水微生物的代谢产物，就富有多种抗生素，能抑制有害菌生长。

能量效应——促生长繁殖

地球上生命的存在与繁衍，都与水的能量休戚相关，所以，水是生命之源。当水经过高能纳米生物陶环（粒）、陶片时，由于它有 33 种微量元素和矿物质，加之激活的能量波和电磁效应，可持续释放出 8~15 微米能量波、生物波，使其光、力、磁、热、电吸收及催化的能量可高于一般材料上千倍。

在磁共振的作用下，原来紊乱的大分子键产生断裂，水的极性重新组

合，变成充满活力的小分子团水，成为高能电荷、高能量、高质量的活性水、健康水、营养水，对动植物的生长、繁衍都有促进作用。

经高能生物陶瓷处理后的水在农业种粮、种菜及畜牧业养鸡、养猪等方面使用都有明显效果。在水产养殖上，2006 年我国在皮口盐业育苗厂利用纳米生物陶环（粒）、陶片繁育扇贝苗种的实验也看出了明显效果，扇贝苗种在实验中表现为需投喂饵料量不大，生长速度很快，且苗种大小整齐。

抗逆效应

由于纳米生物陶粒（环）、陶片具有广温、广盐、广 PH、广硬度、广电导率、广 ORP 等特性，可提高水产动物抗逆境能力，使水生动物能够适应较广泛的环境。它可使海、淡水鱼在同一缸中混养，上海沪西工人文化馆就成功利用这一技术研发出了一套海、淡水鱼混养水族缸。

去 NO_3 效应——促使短程硝化菌生长

每千克鱼、虾一天要向水体排出 1～2 克氨氮，水中分子态氨 NH_3 > 0.002ppm 鱼虾就会中毒。纳米环境友好填料是微生物催化剂，它可以促使人工向水中投放的和自然的硝化菌大量繁殖，使氨氮氧化成 NO_2 后，不经过 NO_3 而直接转化成 N_3 释放到空气中，使水中不积累 NO_3，若水中积累过量 NO_3 会导致水质变坏鱼虾死亡。

转换效应——纳米生物助长器（生物陶片）

纳米生物助长器（即纳米生物陶片）是一种全新概念的科技产品。它利用光热转换效应，通过提高水体能量，增强酶的活性，促进生物体的新陈代谢，提高其抗病、抗逆能力，增强生物体吸收养分与排毒功能，使其少生病、免用药。纳米净水器每月清洗一次后晒 1～2 小时，以吸收宇宙能量——太阳风，它具有双向性，遵循能量守恒，多了释放，少了吸收。2006 年我国在扇贝、海参育苗过程中，让沙滤罐出来的水经过纳米生物陶粒

（环）处理，使之活化，并将纳米净水器在每池内挂两片，再配合使用微生物净水菌，效果极为显著。这次是我国育苗十几年来，最顺利、效益最高的一年。

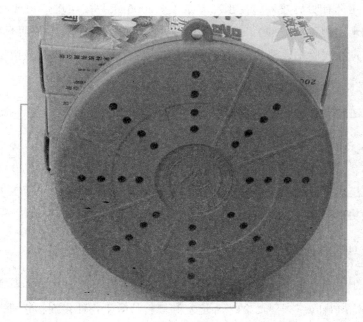

纳米生物助长器

兀水效应——纳米水处理装置

兀水是无极限地接近生命体的水。为了提高水的能量而开发的纳米水处理装置，是采用兀化的纳米陶瓷制品作为其部件，由其中的二价和三价的铁离子（Fe^{2+}、Fe^{3+}）激发产生的高能量作用于普通水，使水分子的氢键断裂而变成极小的离散的水分子集团，并赋予其较高的能量，这就是兀水。

兀水的生物学效应如下：

1. 维持正常发育。不依赖营养补给也能保持生物原来的状态。

2. 获得再生能力。遇到被伤害的细胞，可以恢复其再生能力。

专业纳米水处理装置

3. 增大适应能力。使其对外界环境的变化适应能力增大。

4. 发挥自身能力。促进和引发出自然界物质自身原有能力。

5. 净化环境作用。可以改善恶性水质，改善贫瘠土壤。

6. 阻止病源细菌。各种病源菌在兀水环境中很难生存。

7. 阻止有害离子。使金属离子化，保持自体结构组成的安定。

8. 促进生物生长。具有高能效率和良好的提供生长机制。

9. 促进生物繁殖。促性腺发育，早熟、早产，有利人工繁殖。

10. 神奇记忆功能。当水接受了能量与振动频率后，就能长期记忆持续作用。

兀水纳米处理装置在国外有三大类：

1. 纳米水过滤装置：它可加工海、淡水鱼混养的水，金鱼在不换水、不增氧、不投料情况下，可封闭存活 216 天。

2. 纳米净水石：系多孔隙陶块，内部人工接种微生物净水菌，即可长期不换水，保持水质清澈，用来治理污染和用于水产养殖，可使水变清，抑制藻类生长，在日本已投入市场。

3. 纳米生态基：用纳米功能材料编织，可在不接种微生物净水菌情况下，净化水质，降低氨氮、亚硝酸盐，用来治理污水和用于水产养殖，在美国、中国也已投入市场。

纳米与我们的生活

近几年，纳米科技及其产品频繁出现在我们的日常生活中。现在我们知道，纳米是度量长度的单位，1纳米等于十亿分之一米。十亿分之一米是个什么概念？打个比方，将尺度为1纳米的东西放在乒乓球上，就好比将1个乒乓球放在地球上一样。我们说科技的主要功能是造福人类，改变现有生活，而纳米科技正是能够完全应用于生活的科技。如今，这项高科技已经全面渗透到人们的衣、食、住、行中，成为时尚生活的代名词。

在炎炎夏日里，顶着火烤一般的太阳走在路上，你是不是希望有一件可以完全挡住太阳紫外线的衣服或遮阳伞？现在，这个愿望可以实现了——抗紫外线纳米面料已经在2003年问世。新开发的纳米复合聚酯面料在纤维的合成过程中加入了纳米级的无机粉体材料，解决了纳米粉体在应用过程中的"二次团聚"问题。该面料不仅抗紫外线能力强、效果持久，而且性能优良、外观光泽幽雅，是夏天服饰的理想面料。这就是纳米科技给我们的穿着带来的舒适与时尚。

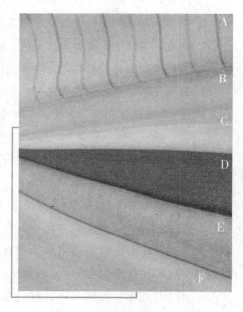

抗紫外线纳米面料

你知道，我们每天所吃的食物也跟纳米科技息息相关吗？目前，部分冰箱生产企业已将纳米材料成功地添加至冰箱的门把手、门封条、内胆、瓶框、果菜盒等关键部件中，通过纳米材料在抑菌、耐磨、增韧、耐

66

腐蚀、自洁、抗静电、抗紫外线等方面所具有的特殊功效，提高冰箱的性能。纳米科技在冰箱产品上的应用，使冰箱内食物的储存环境有了极大改善，增强了冰箱的抑菌保鲜功能，使食物保存得更久，更不易受细菌的侵害。

如何利用纳米科技提高建筑材料的健康环保性能？建材领域的专家对此进行了多年的研究与开发。2002年，中科院纳米科技工程中心与"正中时代"研发的"诺蓝"纳米改性涂料问世，代表着纳米科技为涂料工业所带来的革命性变化。粒径在纳米或亚微米级的超细颜料、填料在涂料制造过程中具有非常实用的意义。经过纳米科技重新构筑的普通涂料，不仅具有传统涂料所没有的奇异化学特性，而且漆膜硬度高、弹性好，任何油渍、水、墨汁、灰尘等都不能存留于建筑物表面，具有良好的抑菌防霉和自清洁功能。以"诺蓝"纳米改性涂料为例，涂料本身不仅无毒无害，还能够捕捉、吸收、分解甲醛、氨气等有毒气体，性能远超于普通涂料。纳米改性涂料的另一个特点是不受气候条件的影响，很适合冬季施工。目前已逐渐形成产业化的纳米建材用品有：纳米材料改性建筑色浆、纳米材料改性建筑涂料、纳米材料改性防水密封胶粘带和中空玻璃密封胶条等。

喜爱汽车的人会发现，纳米技术与汽车关系也非常密切。它不仅用于汽车的制造，更为爱车、养车的人们提供了一种全新的选择。目前我国已经研制出一种用纳米科技制造的乳化剂，在以一定比例加入汽油后，可使像桑塔纳一类的轿车降低10%左右的耗油量。德国大众汽车公司与以色列的纳米材料公司已经决定在纳米材料的应用方面展开合作，他们表示，如果用纳米材料作为润滑剂，那么汽车就无需更换机油，其他部件也无需频繁替换。总之，这种利用了纳米材料的交通工具将比现在普遍使用的交通工具更加经久耐用。

了解了这些，你是不是觉得纳米科技的确提高了我们的生活品质？有关专家称，随着纳米功能材料与技术的不断发展，"无微不至"的纳米科技将渗入人们生活的方方面面。为了创造美好新生活，我们应该把握纳米科技的奇妙力量，让生活变得更加健康和舒适。

纳米技术看似神秘，其实，它已经离我们很近了。

在日常生活方面，有了防水防油的纳米材料做成的衣服，人们就不用洗衣服了，而且这种衣服穿着很舒服，不会像雨衣那样僵硬；用这种材料做成的红旗，即使下雨在室外也依然会高高飘扬。往各种塑料、金属、漆器甚至磨光的大理石、大楼的玻璃墙、电视机的荧光屏上涂上纳米涂料，都会具有防污、防尘的效果，而且耐刮、耐磨、防火；戴上涂有纳米涂料的眼镜，在寒冷的冬季，人们从室外进入室内，就能避免眼镜上蒙上一层水气。用纳米材料制成的茶杯等餐饮具将不易摔碎，若将抗菌物质进行纳米处理，再加入到日用品的生产过程中就能制成抗菌的日常用品，如现在市场上已出现的抗菌内衣和抗菌茶杯等；把纳米技术应用到化妆品中，护肤、美容的效果就会更佳，如制成抗掉色的口红，以及防灼的高级化妆品等。

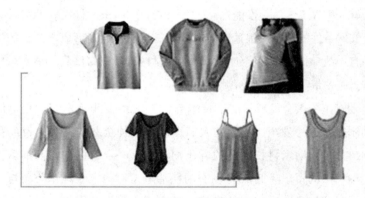

美观舒适的纳米服装

在医疗方面，纳米级粒子将使药物在人体内传输更加方便，用数层纳米粒子包裹的智能药物进入人体后可主动搜索并攻击癌细胞或修补损伤组织；在人工器官表面加入纳米粒子可预防移植后的排异反应；使用纳米技术的新型诊断仪器只需检测少量血液，就能通过其中的蛋白质和 DNA 诊断出各种疾病；有了通过血管进入人体的纳米级医疗机器人，将大大减轻病人手术的痛苦。

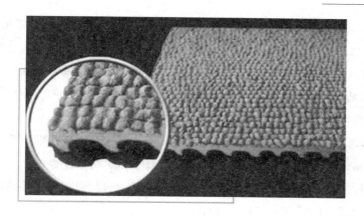

抗老化、耐光性好的彩色橡胶

　　在电子信息领域，纳米技术将更会大显身手。纳米技术会将超大规模集成电路的容量、速度提高 1000 倍而体积缩小 1000 倍。可以预见，计算机在普遍采用纳米材料后，处理信息的速度将更快、效率将更高，而且将成为真正的"掌上电脑"；二三十年后，纳米技术会让图书馆只有糖块大小；纳米技术将发展出个人随身办公室系统，我们就不必每天上下班，在家就可以处理工作事务了。

　　纳米技术在能源、交通、环保等方面也将大有作为。用纳米材料做成的电池，体积很小却可容纳极大的电量，届时汽车就可像目前的玩具汽车

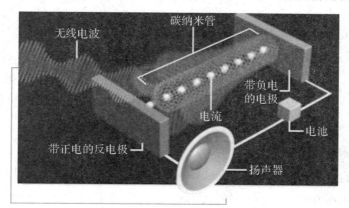

纳米管收音机

一样，以电池动力在大街上奔驰了。用纳米材料做成的轮胎，将更耐磨、防滑，可减少交通事故，用纳米材料制造出的小型飞机，将使飞机像汽车一样进入家庭，交通阻塞可能成为往事。在环境科学领域将出现功能奇特的纳米膜，这种纳米膜能够探测到由化学和生物制剂造成的污染，并能过滤消除污染。

纳米技术将改变人们的衣、食、住、行、医疗、生产、娱乐等各个方面，电脑、网络、基因工程等当前的高科技领域也将因此面临变革，纳米科技带来的是人类社会的第四次产业革命。纳米时代的到来将使我们的生活和工作更加随心所欲。

家家都在"纳米"

在人们刚刚有了健康、绿色、环保家居观念不久的今天，纳米这一种新的概念就开始以迅雷不及掩耳之势，闯入人们的生活中。于是，我们身边出现了纳米冰箱、纳米洗衣机、纳米丝绸、纳米餐具以及纳米涂料、纳米瓷砖等纳米产品……紧接着，北京市场上又出现了一种"纳米空调"。

纳米科技是 20 世纪 90 年代初迅速发展起来的新的前沿科研领域。其最终目标是人类按照自己的意志直接操纵单个原子、分子，制造出具有特定功能的产品。

纳米科技，就是当今微观世界的"霸主"。

"你家纳米了吗？"这是什么事几乎都能先知先觉、赶在潮头浪尖之上的新新一族近一时期常挂在嘴边的这句话，让绝大部分人感到莫名其妙，不知道"纳米"是何方"神圣"。在北京国际周上，"纳米"与智能、宽带等字眼并肩排列，使人们对"纳米"都是只闻其名却不知其实。

纳米科技以空前的分辨率为我们揭示了一个可见的原子、分子世界。这表明，人类正越来越向微观世界深入，人们认识、改造微观世界的水平提高到了前所未有的高度。有资料显示，纳米技术将成为仅次于芯片制造的第二大产业。

对于人们越来越关注的室内环境污染以及长期处于空调环境中工作、生活的人们不知不觉间染上头痛、胸闷、咳嗽、困乏等"空调病"，纳米技术应用于空气净化过滤的消息给深受"空调病"困扰的人们带来一个惊喜。国内首批将纳米技术应用于空调机生产的纳米稀土空调，就凭借其空气净化和水处理的国际技术背景，掀开了 21 世纪健康空调的篇章。纳米是怎样充当"清洁卫士"，成为空气的净化过滤材料呢？

　　据悉，这种特殊材料是由多种稀土金属、稀有金属以及多种氧化物通过高科技方法合成而得的，其中加入了特殊的纳米材料。在纳米材料与多种稀土金属、稀有金属联合作用下，便构成了对各种有机污染物有良好的去除效果的微孔活动中心。

　　经过中国预防医学科学院检测，这种合成稀土纳米材料对甲醛的去除率超过 96%，对苯的去除率为 89.8%，对氨的去除率为 81.8%，对氮氧化物的去除率高达 98%，对香烟烟雾的去除率为 60.7%……总之，它能够把家庭建筑装修以后散发的各种有毒、有害、致癌有机污染物进行有效地去除。主要表现在——无毒害、强力杀菌、可吸附异味、高附着强度等几个特点上。它的原理是：在不改变空气自然状态的大前提下，过滤空气中的有害物质，增加室内空气的含氧量。

　　如今，纳米技术被较多地运用于一些楼盘的内外墙粉刷，像作为奥运样板工程的首都体育馆的改造工程。复旦大学成功研制的可以自我清洁的"纳米二氧化钛光催化玻璃"已经运用到医院手术室器材、汽车后视镜等方面。在国外，比如日本等地也已将研发成功的纳米技术投入实际应用。最早开始研发户式中央空调的公司表示，下一步他们将研究室内的空气处理系统，不断地融合数字控制、纳米材料、光电效应、环保介质等现代高新技术，营造温度、湿度适宜，空气纯净新鲜的室内空间。

　　当更多的商家包括房地产商对"纳米"给予越来越多的关注，并将纳米作为一张强档绿色环保牌打给购房者时，人们也应该清醒地看到"纳米"的不成熟之处。首先纳米产品在目前市场上可以说是参差不齐，有的商家趁着许多人还不太了解有关知识的空子，大肆吹嘘自己的产品是"纳米产品"。其次，并不是各种各样的家用电器或其他产品都适合采用纳米技术。最后，要提醒消费者注意的是，由于成本的加大，凡运用了纳米技术的产品都会比同类产品价格高一些。例如纳米空调比同品质普通空调大约贵10%到15%，消费者对此要有个心理准备。

纳米科技带来的服装

所谓纳米技术是指在纳米尺度上研究物质的特性和相互作用，以及利用这些特性开发新产品的一门多学科交叉的技术。根据这个定义，到目前为止，几乎所有的纳米服装、服饰的三防效果都是让某种纳米级的微粒覆盖在纤维表面或镶嵌在纤维分子间隙间，由于这种微粒十分微小（小于100nm）且比表面积大、表面能高，在物质表面形成一个均匀的、厚度极薄的（用肉眼观察不到、手摸感觉不到）、间隙极小（小于100nm）的"气雾状"保护层。正是由于这种保护层的存在，使得常温下尺寸远远大于100nm的水滴、油滴、尘埃、污渍甚至细菌都难以进入到布料内部而只能停留在布料表面，从而产生了三防等特殊效果。同时，由于形成保护层的纳米级微粒极其微小，几乎不会改变原布料的物性，如颜色、舒适度、透气性等。

可预防流感的纳米服装

最近，美国康奈尔大学的化学工程师胡安·希尼斯特罗扎和一位学设计的学生奥莉维亚·奥格共同研制出了一款漂亮时尚的可预防流感的纳米服。

这件衣服非常独特，表面涂有一层微小的纳米粒子。希尼斯特罗扎将它称作"个人空气净化系统"。这些粒子是金属物质，能分辨出特定病毒或细菌，然后将它们俘获。例如银离子就是一种天然抗菌物质。

这种粒子的尺寸仅为5~20纳米。我们知道，一纳米相当于十亿分之一米，因为这些粒子和织物具有相反的电荷，所以它们能附着在棉织物上。

希尼斯特罗扎通过创造大小合适并能反射出各种颜色的纳米粒子，在不利用染料的情况下制作出各种颜色的衣服。可见光的光波平均为400纳米，这些粒子比光波还小，因此它们能反射出光谱中的部分光线，产生出符合粒子大小的特定波长的颜色。目前能利用这种方法产生的颜色是红色、蓝色和黄色。

预防流感的纳米服

现在希尼斯特罗扎正在做进一步的研究，他希望找出让粒子在织物上移动的方法，这样就可以重新整理它们，改变衣服的颜色。他说："假如你穿着一件蓝衬衫来到办公室，你晚上要参加一个派对，但是你不想再返回家中，这时你只需提供电场（起到移动粒子的作用），你的衬衫就能变成黑色，这样你就可以直接去派对集会地点了。"

纳米服装的特性

纳米服装其实就是依据仿生学原理，通过对纺织品、皮革中每根细小的纤维进行人工修饰，利用纳米界面材料的疏水、疏油的特性再加上液体本身的表面张力，使滴落下的水和油形成一个个小圆球并只能附着在织物表面，无法直接渗透进织物纤维里面。由于这些液体小球只能在织物表面滚动，所以它们同时能将原来落在织物表面的灰尘裹带起来，滑落到地上。因为织物的纤维之间依然保持原有的间隙，所以原有的透气性、柔软度等固有特征没有任何改变，人体的汗气依然可以被顺畅排出。纳米服装能成功地解决了防水与透气、即防水又防油这些原本相互矛盾的难题。

纳米服装还有它的独特的功效与性能。衣物变脏的原因很大程度上是

● 袖口独特设计　　　　● 进口面料

● 原单领标　　　　● 拉链设计

防风雨的纳米服装

因为水、油等液体携带着灰尘、污物渗透进织物的纤维里面，形成污斑、油斑。依据纳米仿生学原理，用纳米技术对纺织品、皮革进行人工处理，使其表面和纤维内部加上了一层肉眼无法看见的纳米层，使衣物具有了以下一些特殊性能：

1. 防水性能

具有十分优异的防水性能，落在织物上的水珠呈现超疏水的状态，很难渗透进去，轻轻抖动，会自然滑落，水珠太小时会有一些挂在表面的纤维上，用纸巾轻轻吸去即可。对水珠进行物理按压仍可渗入织物纤维以保证织物仍可正常洗涤。

2. 防油性能

具有十分优异的防油性能，油珠呈现超疏油的状态，很难渗透进去，会有少量油粘附在表面纤维上，用纸巾可以清除。

3. 防污性能

对果汁，可乐，牛奶，咖啡，茶水，酱油，都具有十分优异的防渗透性能，污染液体呈现超疏的状态，或用纸巾吸去即可。对于黏性很强，并且以物理挤压、摩擦方式沾染的污物无效，例如衣服上沾染很多肮脏机油，需要用毛巾反复擦拭。

4. 防静电性能

秋、冬天比较干躁、灰尘也比较多，干燥的天气会使人体产生静电，静电会吸附灰尘，衣服经纳米技术处理过后能有效减少这种问题的出现。

5. 防掉色性能

处理过的衣服其色泽被纳米层包裹在每根纤维中，防止了衣服洗涤时大面积掉色或时间长了褪色的现象。

6. 衣物安全性

完全不改变织物的色泽、透气性、柔软度等原本的固有特征。对衣物没有任何腐蚀性，可防止织物发生褪色或变硬板结。对于布艺沙发、汽车内饰、地毯等难以洗涤的物品，经过处理后可以保持长久清洁，起到事半功倍的效果。

7. 防止霉菌

由于经过处理后，纤维表面被包裹上一层纳米层，且织物内部无法蓄水，这也就彻底杜绝了霉菌的骚扰，让霉菌无法立足。

8. 容易清洁

布艺沙发经过处理后，平时只需进行日常吸尘作业，并用纸巾及时吸掉溅落在布面上的液体即可。

9. 洗涤性能

经过处理的衣物，可以和正常衣物一样水洗或干洗，洗后依然保持神奇特性。平均洗涤 25～30 次依然保持特性，但过高强度的洗涤会减少衣物的疏水特性的有效时间。

10. 无副作用

应用纳米技术处理后不含有毒物质，还可以防止皮肤敏感。

纳米技术目前适用于尼丝纺、尼龙塔丝隆、塔丝隆牛津、涤纶塔丝隆、尼龙亮光布、尼龙格子布、涤纶格子布、涤塔夫、春亚纺、桃皮绒、涤纶牛津布、尼龙牛津布、超细哮克布、锦涤纺、麂皮绒、色丁布、网眼布、锦棉布、TR 和 RT 等系列产品所制作而成的——普通成衣、夹克衫、休闲装、羽绒服、运动装、婚礼服、特殊服装（军服、警服、交通制服、特殊行业工作服）、睡衣、雨衣、遮阳伞、雨伞、帐篷、睡袋、车套、背包、挎包、床罩、被套、桌椅套、鞋帽、手套、窗帘、桌布。表面上过蜡、油、漆的皮革制品不适用。

纳米空调——甲醛克星

甲醛又名蚁醛，常温下为无色有辛辣刺激气味的气体，是用来制造装饰板材胶黏剂的主要原料。医学研究证明，甲醛能严重侵害人体细胞，并且能致畸、突变和癌变。

众所周知，进入刚装修的房子，会闻到一股刺鼻难闻的气味。这是因为室内装修材料和家具板材释放甲醛的缘故，并且这类甲醛的释放非常缓慢，能达到 3 ~ 15 年。

随着消费者自我保护意识的提升，人们已逐渐认识到甲醛对人体的危害，并为解决这一问题作出了大量的努力。据了解，上海一家公司在国内率先生产的纳米空调就是针对甲醛污染而开发研制的新一代绿色健康空调。

该纳米空调相对其他品牌的空调而言，最大的特点就是利用了纳米稀土技术。它的净化空气装置是由合成稀土纳米材料制造，而该材料是由纳米材料与多种稀土金属、稀有金属和氧化物合成而得。由于纳米材料与其余金属的联合作用，构成带有特殊化学配位结构的微孔活动中心，对各种有机污染物有广泛的去除效果。因此，这种空调对甲醛有独特的去除效果。

根据中国预防医学科学院的证明，纳米稀土材料对甲醛的去除率大于96%，是目前清除室内甲醛污染的最有效途径。因此，纳米空调的问世，为室内空气环境提供了有力的保障，有效防止室内甲醛对人体的危害。

奇妙的纳米水

　　液体纳米技术是通过世界发明专利的技术。在液体中形成的纳米级微泡成为液体中的成分，由此造成液体成为"纳米态"——物质存在（固态、液态、气态）之外的物质形态被科学界认为是纳米态，简而言之使液体成为具备新功能纳米态的技术。把液态物质制造成为纳米态的过程叫纳米化。

　　水是世界上应用到各个领域的最广泛的物质，因此我们把液体纳米技术主要应用于水中，纳米化后的水成为纳米态水（当然奶类、油类等其他液体同样可以被纳米化，成为此物质第四态——纳米态）。

77

液体纳米墙壁的开发

纳米水的功能表现

1. 富含氧，也就是水中溶解了比普通水高至少10%以上的氧气。

2. 纳米泡自身具备负电、负压、微爆性。负电吸引吸附阳性微生物、毒素、污垢，负压到一定程度则微爆，微爆对于吸附着的微生物、污垢、毒素等具有破坏性，能杀死微生物、毒素，除去污垢。

3. 纳米泡可自由穿梭于任何物质分子之间，特别是人体各组织之间，所以成为快速给送氧气和附带的有用物质，纳米化后的营养成分和药用成分的功效有效性和快速性将提高很多。

上述的技术和功效造应用于以下八方面将会引起绿色风暴，包括：食品饮料，保健品，水按摩美容洗浴，液体口服药业，医院洗涤消毒，农业绿色种植与养殖，污水与江河生态治理，水和油混合燃烧。

纳米在医学中的应用

下面图片上的画面像什么？那一节节的是项链吗？那一圈圈的是毛线吗？那一条条的是蚕丝吗？哦，不！它们是果蝇的染色体和 DNA 长链。让它们展现如此绚丽多姿一面的是一架能把物体放大 1 亿倍的纳米显微镜。

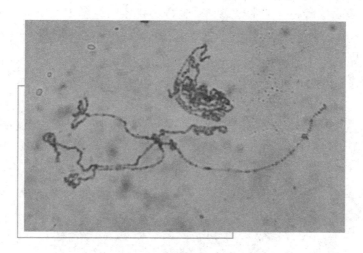

果蝇的染色体和 DNA 长链

中科院上海原子核研究所运用纳米技术研究生命科学，目前已取得重大进展：观察到了直径 2nm 的 DNA 长链的精细结构，并让它顺从人意书写出"中"及"DNA"的字样。

当研究员把一滴含有果蝇 DNA 的溶液滴在云母片上，置入纳米显微镜下，与显微镜相连的电脑屏幕上即显示出果蝇染色体的盘旋形状，一节节明暗相间的基因清晰可辨；有的地方密密麻麻，有的地方却蓬松稀疏。

据介绍，蓬松处是为基因拷贝、复制等表达预留空间。从染色体中剥离出的 DNA 长链如刚拆的旧毛线，卷曲一团。它长达 1 米，平时是紧紧缠结裹在细胞核里的，现被科技人员运用分子梳技术梳理拉直，似春蚕吐丝，缕缕不绝。

纳米世界展现物质的分子和原子结构图，同我们日常所见的大相迥异。盐粒的结晶上有大大小小的圆圈，像梯田。云母是最平整的材料，起伏度不到 1 个原子，每个原子间距只有半个纳米，放大 1 亿倍后，整齐规则排列的原子竟像一排排竖立的鸡蛋。7 微米大的血红细胞如面包圈；1 微米大的质粒 DNA 呈环形，上面点缀的白色"钻石"便是蛋白质；200 纳米大的蛋白质如朵朵星云……纳米显微镜下，每个物体的纳米世界是那般美丽和神秘。

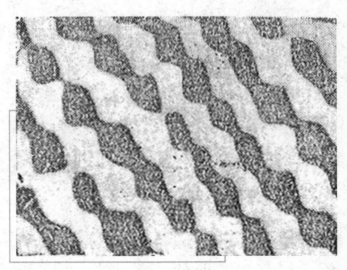

云母放大后的效果

我们明白，一纳米只有十亿分之一米，是发丝的十万分之一。要观察如此微小的世界，只能靠纳米显微镜。纳米显微镜分原子力和隧道电流两种，原子力显微镜作用于非导电样品，隧道电流显微镜适合导电样品。原子力显微镜样品检验部位有条细如发丝的红色激光，那便是纳米探针。它同样品之间始终保持在 1 纳米的距离，逐行扫描，通过原子间的相互作用力，在计算机上绘出物质的三维结构图。

研究生命科学的纳米世界有何意义？生命经过几十亿年的进化，生物细胞中贮藏了许多非常精巧、效率非常高的"纳米机器"，对人类设计纳米产品具有重要的借鉴作用。如人体内的核糖体，不仅能自己组装，还能组装人体内所有种类的蛋白质，并具有自己监控自己管理的功能。成功地将单个 DNA 分子链按照人类的意志进行组装排列，无疑是迈出了对生命自组装功能研究的第一步。

81

什么是纳米医学

我们知道人体是由多种器官组成的，如：大脑、心脏，肝，脾，胃，肠，肺，骨骼，肌肉和皮肤；器官又是由各种细胞组成的，细胞是器官的组织单元，细胞的组合作用才显示出器官的功能。那么细胞又是由什么组成的呢？按现在的认识，细胞的主要成分是各种各样的蛋白质、核酸、脂类和其他生物分子，以上全部可以统称生物分子，它的种类在数十万种。生物分子是构成人体的基本成分，它们各自具有独特的生物活性，正是它们不同的生物活性决定了它们在人体内的分工和作用。由于人体是由分子构成的，所有的疾病包括衰老本身也可归因于人体内分子的变化。当人体的分子机器，如合成蛋白质的核糖体，DNA 复制所需的酶等，出现故障或工作失常时，就会导致细胞死亡或异常。从分子的微观角度来看，目前的医疗技术尚无法达到分子修复的水平。而纳米医学则是在分子水平上，利用分子工具从事诊断、医疗、预防疾病、防止外伤、止痛、保健和改善健康状况的科学技术，广义上这些都属于纳米医学的范畴。换句话讲，人们将从分子水平上认识自己，创造并利用纳米装置和纳米结构来防病治病，改善人类的整个生命系统。为这到这一目标我们首先需要认识生命的分子基础，然后从科学认识发展到工程技术，设计制造大量具有令人难以置信的奇特功效的纳米装置，这些微小的纳米装置的几何尺度仅有头发丝的千分之一左右，是由一个个分子装配起来的，能够发挥类似于组织和器官的功能，并且更准确和更有效地发挥作用。它们可以在人体的各处畅游，甚至出入细胞，在人体的微观世界里完成特殊使命。例如：修复畸变的基因、扼杀刚刚萌芽的癌细胞、捕捉侵入人体的细菌和病毒，并在它们致病前就消灭它们；探测机体内化学或生物化学成分的变化，适时地释放药物和人体所需的微量物质，及时改善人的健康状况。最终实现纳米医学，使人类拥有持续的健康。未来的纳米医学将是强大的，它又会是令人惊讶得小，因为在其中所发挥作用的药物和医疗装置都是肉眼所无法看到的，但是它的功能会令世人惊叹。

需要说明，不要马上跑到大夫那儿去要纳米处方。上面所谈的纳米医学景观尚处于设计和萌芽阶段，还有很多的未知需要去探索，例如：这些纳米装置该由什么制成？他们是否可以被人体接受并发挥所预期的作用？科学家们正在全力以赴地把纳米医学的科学想法变成医学现实。终有一天，医药柜越小，效力越大。

一定有人会问：纳米医学是不是科学幻想？它离我们到底有多远？还要等多久才能看到医学实现？事实上，它已经开始步入现实，并获得了蓬勃的发展发展机会。下面让我们看一看这一领域所取得的科学进展。

（1）智能药物

这是纳米医学中的一个非常活跃的领域，适时准确地释放药物是它的基本功能之一。科学家正在为糖尿病人研制超小型的，模仿健康人体内的葡萄糖检测系统。它能够被植入皮下，监测血糖水平，在必要的时候释放出胰岛素，使病人体内的血糖和胰岛素含量总是处于正常状态。最近，美国麻省理工学院的研究者做出了微型药房的雏形：一种具有上千个小药库的微型芯片，每一个小药库里可以容纳 25 纳升的药物，例如止痛剂或抗生素等。它的研究者之一 Robert Langer 说，目前这个芯片的尺寸还相当于一个小硬币，可以把它做得更小，并计划装上一个"智能化"的传感器，使它可以适时和适量地释放药物。能否在形成致命的肿瘤之前，早期杀灭癌细胞？美国密西根大学的 James. R. Baker Jr. 博士正在设计一种纳米"智能炸弹"，它可以识别出癌细胞的化学特征。这种"智能炸弹"很小，仅有 20 纳米左右，能够进入并摧毁单个的癌细胞。此装置的研制刚刚开始，而初步的人体实验阶段至少要五年以后才能进行。

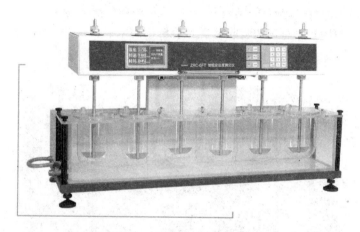

智能药物溶出仪

（2）人工红血球

纳米医学不仅具有消除体内坏因素的功能，而且还有增强人体细胞机能的能力。我们知道，脑细胞缺氧 6～10 分钟即出现坏死，内脏器官缺氧后也会呈现衰竭。设想一种装备超小型纳米泵的人造红血球，携氧量是天然红血球的 200 倍以上。当人的心脏因意外，突然停止跳动的时候，医生可以马上将大量的人造红血球注入人体，随即提供生命赖以生存的氧，以维持整个机体的正常生理活动，从而为医生赢得宝贵的抢救时间。美国的纳米技术专家 Robert Freitas 初步提出的人造红血球的设计，已成为纳米医学技术的标志性理论。这个血球是个一微米大小的金刚石的氧气容器，内部有

1000个大气压，泵浦动力来自血清葡萄糖。它输送氧的能力是同等体积天然红细胞的236倍，并维持生物活性。它可以应用于贫血症的局部治疗、人工呼吸、肺功能丧失和体育运动需要的额外耗氧等。它的基本设计和结构功能，以及与生物体的相容性等已有专著详细论述。在此仅对其结构功能做简单介绍。

（3）纳米药物输运

纳米微粒药物输送技术也是重要发展方向之一。按目前的认识，有半数以上的新药存在难以溶解和吸收的问题。而当药物颗粒缩小时，药物与胃肠道液体的有效接触面积将增加，因此药物的溶解速率会随药物颗粒尺度的缩小而提高。药物的吸收又受其溶解率的限制，因此，缩小药物的颗粒尺度成为提高药物利用率的可行方法。

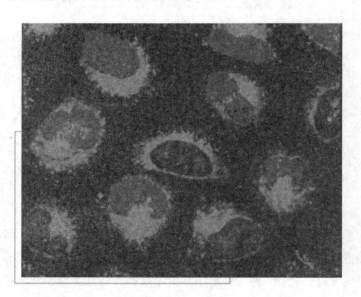

纳米药物输送"远程火箭"

纳米晶体技术可将药物颗粒转变成稳定的纳米粒子，同时提高溶解性，以提高人体对难溶性药物的吸收效率。粉碎过程会使粒子间的相互作用力增加，为了避免纳米颗粒在粉碎过程中聚合，加工中，不溶的药物是被悬浮在一般认为安全的稳定剂和赋形剂的悬浮液中。深入研究的制粉技术已经能够将药物颗粒缩小到 400 纳米以下。

同时，这些赋形剂在胃肠道中起表面活性剂的作用，也提高了纳米药物颗粒的溶解率。一旦不溶性药物转变成稳定的纳米颗粒，就适合于口服或者注射了。

纳米医学将给医学界，诸如癌症、糖尿病和老年性痴呆等疾病的治疗带来变革，并已经获得越来越多专家的认同。利用纳米技术能够把新型基因材料输送到已经存在的 DNA 里，而且不会引起任何免疫反应。树形聚合物就是提供此类输送的良好候选材料。因为，它是非生物材料，不会诱发病人的免疫反应，没有形成排异反应的危险；所以，它可以作为药物的纳米载体，携带药物分子进入人体的血液循环，使药物在无免疫排斥的条件下，发挥治病的效果。这种技术用于糖尿病和癌症治疗是很有发展前景的。

（4）捕获病毒的纳米陷阱

密歇根大学的 Donald Tomalia 等已经用树形聚合物合成了能够捕获病毒的纳米陷阱。体外实验表明纳米陷阱能够在流感病毒感染细胞之前就捕获它们，同样的方法期望用于捕获类似爱滋病病毒等更复杂的病毒。这种纳米陷阱使用的是超小分子，此分子能够在病毒进入细胞致病前即与病毒结合，使病毒丧失致病的能力。通俗地讲，人体细胞表面装备着含硅铝酸成分的"锁"，只准许持"钥匙"者进入。不幸的是，病毒竟然有硅铝酸受体"钥匙"。Tomalia 的方法是把能够

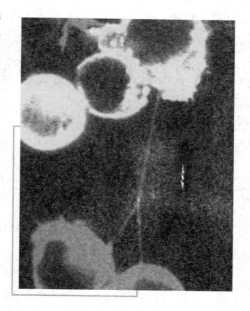

捕获病毒的纳米陷阱有助于艾滋病的攻克

与病毒结合的硅铝酸位点覆盖在陷阱细胞表面。当病毒结合到陷阱细胞表面，就无法再感染人体细胞了。陷阱细胞由外壳、内腔和核三部分组成。内腔可充填药物分子，将来有可能装上化疗药物，直接送到肿瘤上。陷阱细胞能够繁殖，生成不同的后代，个子较大的后代可能携带更多的药物。尽管原因尚不明确，所观察的特点是陷阱细胞越大效果越好。研究者希望研发针对各种致病病毒的特殊陷阱细胞和用于医疗的陷阱细胞库。

（5）识别血液异常的生物芯片

美国圣地亚国家实验室的发现实现了纳米爱好者的预言。正像所预想的那样，纳米技术可以在血流中进行巡航探测，及时地发现诸如病毒和细菌类型的外来入侵者，并予以歼灭，从而消除传染性疾病。

Micheal Wisz 做了一个雏形装置，发挥芯片实验室的功能，它可以沿血流流动并跟踪像镰状细胞血症细胞和感染了爱滋病的细胞。血液细胞被导入一个发射激光的腔体表面，从而改变激光的形成。癌细胞会产生一种明亮的闪光，而健康细胞只发射一种标准波长的光，以此鉴别癌变细胞的具体分布位置。

医学的前沿——纳米生物技术

纳米生物技术现状与展望

纳米生物技术是国际生物技术领域的前沿和热点问题，纳米技术在医药卫生领域有着广泛的应用和明确的产业化前景，特别是纳米药物载体、纳米生物传感器和成像技术以及微型智能化医疗器械等，将在疾病的诊断、治疗和卫生保健方面发挥重要作用。

目前，国际上纳米生物技术在医药领域的研究已取得一定的进展。美国、日本、德国等国家均已将纳米生物技术作为 21 世纪的科研优先项目予以重点发展。

美国的优先研究领域包括：生物材料（材料—组织介面、生物相容性材料），仪器（生物传感器、研究工具），治疗（药物和基因载体）等。

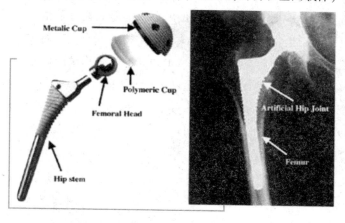

生物材料的示意图

日本政府在国家实验室、大学和公司设立了大量的纳米技术研究机构，并且在这些机构中间培养了一流的合作途径，其科学研究的质量和水平相当高，生物技术亦是其优先研究领域。

德国于 2001 年启动新一轮纳米生物技术研究计划，在 6 年内投入 5000 万欧元。第一批 21 个项目的参与资金为 2000 万欧元，计划的主要重点是研制出用于诊疗的摧毁肿瘤细胞的纳米导弹和可存储数据的微型存储器，利用该技术进一步开发出微型生物传感器，用于诊断受感染的人体血液中抗体的形成，治疗癌症和各种心血管病。

英国政府亦在 1988 年正式启动纳米计划，新加坡于 1995 年启动国家纳米计划，澳大利亚、韩国、俄罗斯亦先后启动了国家纳米发展计划。

我国纳米生物技术的发展与先进国家相比，起步较晚，但"九五"期间"863 计划"启动了国家纳米振兴计划，"十五"期间"863 计划"将纳米生物技术列为专题项目予以优先支持发展。

当前纳米生物技术研究领域主要集中在以下几个方向：纳米生物材料、纳米生物器件研究和纳米生物技术在临床诊疗中的应用。

纳米生物学主要包含两个方面：（1）利用新兴的纳米技术来研究和解决生物学问题。（2）利用生物大分子制造分子器件，模仿和制造类似生物大分子的分子机器。纳米科技的最终目的是制造分子机器，而分子机器的启发来源于生物体系中存在的大量的生物大分子，它们被费曼等人看作是自然界的分子机器。从这个意义上说，纳米生物学应该是纳米科技中的一个核心领域。利用 DNA 和某些特殊的蛋白质的特殊性质，有可能制造出分子器件。目前研究的热点在分子马达、硅—神经细胞体系和 DNA 相关的纳米体系与器件。利用纳米技术，人们已经可以操纵单个的生物大分子。操纵生物大分子，被认为是有可能引发第二次生物学革命的重要技术之一。

天津防美国白蛾用的纳米生物导弹

纳米生物导弹：歼灭癌细胞纳米技术不仅在材料学、机械学等领域产生巨大作用，超细纳米技术还将在医药领域发挥重要作用。据上海市超细技术应用中心介绍，超细纳米技术将在我国的医药领域开辟几块全新阵地。首先是对付癌症的"纳米生物导弹"，这一专门针对癌症的超细纳米药物，能将抗肿瘤药物连接在磁性超微粒子上，定向"射"向癌细胞，并把它们"全歼"。其次是治疗心血管疾病的"纳米机器人"，用特制超细纳米材料制成的机器人，能进入人的血管和心脏中，完成医生不能完成的血管修补等"细活"，这些机器人能耐大，但体积微小，甚至连肉眼都看不到它们，对人体健康不会产生影响。运用纳米技术，还能对传统的名贵中草药进行超细开发，同样一剂药，经过纳米技术处理后，将大大的提高药物的疗效。

纳米技术诊断早期肝癌：纳米技术用于早期诊断，可以发现直径 3mm 以下的肝肿瘤，这对肝癌的早期诊断、早期治疗有着十分重要的意义。中国医科大学第二临床学院放射线科专家陈丽英教授与一些科研院所合作，把纳米级微颗粒应用于医学研究，经过 4 年的努力，已完成了超顺磁性氧化铁超微颗粒脂质体的研究课题，从而开创了纳米技术在肝癌诊断方面的应用。1996 年，由陈丽英牵头进行的超顺磁性氧化铁超微颗粒研究，采用了中科院金属研究所的纳米技术。通过动物实验证明，运用这项研究成果可以发现直径 3mm 以下的肝肿瘤。据专家介绍，国外早在 80 年代末开始着手研究超顺磁性氧化铁超微颗粒的研究，20 世纪 90 年代已经把这种造影剂应用于临床，但这种造影剂工艺复杂价格昂贵，在中国还难以广泛应用。而陈丽英教授的这项新成果不仅成本低，而且操作简便。如应用于临床，将使肝肿瘤的早期诊断变得容易，人们在每年一度的正常体检时便可进行这种检查。

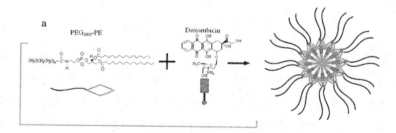

抗肿瘤化学纳米药物载体研究示意图

前途无量的纳米药物：经过多年潜心研究，我国科学家不仅利用纳米技术研制出新一代抗菌药物，而且实现了产业化。这标志着我国纳米材料在医药领域的应用达到世界先进水平。这种直径只有 25 纳米的棕色纳米抗菌颗粒，经中国科学院微生物研究所、中国医学科学院、中国预防医学科学院等权威机构检测证明，对大肠杆菌、金黄色葡萄球菌等致病微生物均有强烈的抑制和杀灭作用，同时还具有广谱、亲水、环保等多种性能。由于纳米抗菌药物采用纯天然矿物质研制而成，所以使用时也不会使细菌产生耐药性。

另外，纳米抗菌药物经中国军事医学科学院的临床应用表明，即使用量达到临床使用剂量的 4000 多倍，受试动物也无中毒表现。以这种抗菌颗粒为原料药，科学家成功地开发出创伤贴、溃疡贴等纳米医药类产品，并已投入批量生产。纳米技术将在医学领域发挥更大作用。

纳米技术医学应用

20 世纪以来，随着抗菌素、X 光透视、超声波检查等技术问世，现代生物医学技术极大地增进了人类的健康。纳米技术是一项新兴的革命性技术，已经应用于电子、化工、通信、环保等领域。在医药领域，包括我国在内的科学家正将纳米技术应用于靶向药物、纳米机器人、纳米生物芯片等。

由于纳米微粒一般比生物体内的细胞（红血球）小得多，所以纳米微粒在医疗临床诊断上有着广阔的应用前景。例如：为判断胎儿是否具有遗传缺陷，过去常采用价格昂贵并对人体有害的羊水诊断技术。而如今应用纳米技术就可以简单安全地达到诊断目的。妇女怀孕 8 个星期左右，在血液中开始出现非常少量的胎儿细胞，用纳米技术可以很容易将这些胎儿细胞分离出来进行诊断。目前，美国已将此项技术应用于临床诊断。

在生物医学控制基因消灭遗传病方面，纳米科技更是潜力巨大。它甚至将超过信息技术和基因组工程，成为 21 世纪决定性的技术。人类控制基因的预想的实现必须以纳米技术作为支撑和依赖，纳米技术可以重新排列遗传密码。人类可以利用基因芯片迅速查出自己基因密码中的错误，并利用纳米技术进行修正，使人类可以消灭各种遗传缺陷。

在美国佐治亚州立大学，研究者们正在进行通过意识进行控制电脑的研究，这项获得政府支持的研究的目的是让残疾人也能够自如地利用电脑，其思路是将"神经营养电极"接入脑神经，与神经元进行"对话"，然后通过无线方式将信号传送到电脑。

在美国一种被称为"纳米生物车"的机械已应用于临床医疗。这种装置一部分是生物的，另一部分是机械的。将"纳米生物车"注入癌症患者的体内，它会自动移动至肿瘤部位并将药物投下，杀死肿瘤细胞而不会误伤其他细胞。德国柏林"沙里特"临床医院尝试借助磁性纳米微粒治疗癌症，并在动物试验中取得了较好的疗效。将磁性纳米粒子表面涂覆高分子材料后与蛋白质结合，作为药物载体注入到人体内，在体外磁场作用下，通过对纳米磁性粒子的导向使其向病变部位移动，从而达到定向治疗的目的。由安德烈亚斯·约尔丹领导的研究小组发明的抗癌新疗法是对普通磁疗法的重大技术改进。普通磁疗法利用电磁场对肿瘤部位进行加热，当温度高于40℃时，可以破坏癌细胞，但同时也会损害到肿瘤周边的健康组织。新的磁疗法是将细微的铁氧体粒子用葡聚糖分子包裹，在水中溶解后注入肿瘤部位，癌细胞和磁性纳米粒子浓缩在一起，肿瘤部位完全被磁场封闭。这样通电加热时，肿瘤部位的温度可以达到47℃，慢慢杀死癌细胞，而临近的健康组织丝毫不受影响。

美国康纳尔大学的科学家近日研制出了世界上第一种小到只能用显微镜才能看到的微型医疗设备，它的大小与病毒微粒差不多，将来可以在人体细胞内完成包括发放药物在内的各种医疗任务。更令人称奇的是，这种设备的原动力竟然来自人体自身的一种化学物质——ATP。据称，利用 ATP 作为"燃料"，这种可进入人体细胞的纳米"直升机"的金属发动机可以连续运转两个半小时。上述设备的研制成功是人类在研究可作用于人体细胞的微型医疗工具领域的一大进步。这种设备共包括三个组件，即两个金属推进器和一个与金属推进器相连的金属杆的生物组件，这三个组件在组装时非常简单便捷。其中的生物组件可以将人体的生物"燃料"ATP 转化为

91

机械能量，使得金属推进器的运转速率达到每秒 8 圈。研究人员卡罗·蒙特马诺表示："这种新型设备的研制标志着我们已经打开了通往一种全新技术的大门。该设备的研制成功表明，我们可以对各种微型设备进行自由组装，为设备提供能量，并进行维修和保养。"

武汉理工大学李世谱教授发现羟基磷灰石的纳米材料是对付癌细胞的有效武器。其委托北京医科大学等权威机构做的细胞生物学试验表明，羟基磷灰石的纳米粒子可以杀死人的肺癌、肝癌、食道癌等多种肿瘤细胞。他认为，纳米材料要具备杀死癌细胞、不伤正常细胞的奇特功效，必须具备两个条件：一是纳米粒子具备一定的超微尺度，在 20nm 到 100nm 之间；二是纳米粒子要呈"均匀"分布，才具"药效"。

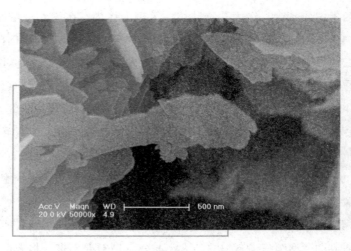

羟基磷灰石的纳米材料放大后的效果

四川利用纳米技术也研制成功"类人骨"。类人骨是指构成和特性与人骨极为相近相似的、人造骨质。这种全新的骨置换材料将取代现有冰冷的金属和脆弱的塑料等材质，用几乎可以以假乱真的效果为病人送去福音。由四川大学李玉宝教授研制成功这种高科技产物——纳米人工骨，已顺利通过国家 863 项目组验收。纳米人工骨作为几乎与人骨特性相当的"类人骨"，具有广泛的应用前景。

纳米人工骨

运用纳米技术，还能对传统的名贵中草药进行超细开发，同样服用一帖药，经过纳米技术处理的中药，可让病人极大地吸收药效。经过多年潜心研究，国内朱红军、蒋建华教授等人研制出一种粉末状的纳米颗粒，对大肠杆菌、金黄色葡萄球菌等致病微生物均有强烈的抑制和杀灭作用，并且由于采用纯天然矿物质，不会使细菌产生耐药性。

在深圳召开的国内首届纳米生物医药学术研讨会上，深圳安信纳米科技控股有限公司宣布利用纳米技术研制生产出"广谱速效纳米抗菌颗粒"，并以此为原料成功开发出纳米医药类产品。其中创伤贴、溃疡贴、烧烫伤敷料等3种纳米医用产品进入规模化生产阶段。"安信"研发的粒径为25nm的"广谱速效纳米抗菌颗粒"，经临床应用和中国科学院、中国医学科学院等多家权威机构检测，证实是安全的抗菌、杀菌剂。它无毒、无味、无刺激、无过敏反应，遇水杀菌力更强，这种纳米抗菌材料的诞生，为我国开创了纳米技术在生物医药领域应用的先河。纳米抗菌药物将广泛应用于人体皮肤和黏膜组织的抗菌，治疗结膜炎、鼻炎、粉刺、口腔溃疡以及烧烫伤、创伤、感染化脓、褥疮、皮肤病等由细菌和真菌引起的疾病。特别是研制开发成功的溃疡贴，较好地解决了目前难以解决的糖尿病人创伤溃疡难以愈合的医学难题，实现了真正不含抗生素的长效广谱抗菌功效。

它的成功研制和投产，标志着人类在同细菌和真菌的斗争中，抗感染药物领域进行了一场革命。

在 21 世纪即将来临之际专家预言，在医学、健康领域，纳米技术的研究和应用为生物医学提供了新的途径。纳米技术将很大地改变 21 世纪人类的生物医学健康模式。

纳米科技下的医学药物

疾病检测指示剂：纳米粒子微细结构使其对环境中的化学或物理指标的变化极为敏感，因此可对人体内的病原体及早作出预测，例如当肿瘤只有几个细胞大小时就可以将其检测出来，并加以根除。

纳米银抗菌剂

抗菌剂：纳米氧化锌粉末在阳光下，尤其在紫外线的照射下，在水和空气中能自行分解出自由移动的带负电的电子（e－），同时留下带正电的空穴（h＋）。这种空穴可以激活空气中的氧变为活性氧，有极强的化学活性，能与多种有机物发生氧化反应（包括细菌内的有机物），从而把大多数病菌和病毒杀死。有关的定量试验表明：在 5 分钟内纳米氧化锌的浓度为 1% 时，金黄色葡萄球菌的杀菌率为 98.86%，大肠杆菌的杀菌率为 99.93%。

纳米矿物中药：研究表明，矿物中药制成纳米粉末后，药效大幅度提高，并具有高吸收率、服用剂量小的特点；还可利用纳米粉末的强渗透性将矿物中药制成贴剂或含服剂，避开胃肠吸收时体液环境与药物反应引起不良反应或造成吸收不稳定；也可将难溶矿物中药制成针剂，提高吸收率。

纳米技术美容应用

1982 年扫描隧道显微镜发明后，便诞生了一门以 0.1～100 纳米长度为研究分子的技术，它的最终目标是直接以原子或分子来构造具有特定功能的产品。同样，纳米技术因具有彻底改变物质生产方式的巨大潜能，它有可能在新世纪引发一场新的美容化妆品产业的技术革命。

美容化妆品尤其是功能性护肤品，其意义就在于给皮肤组织细胞营造一个优越的生命环境并携带多

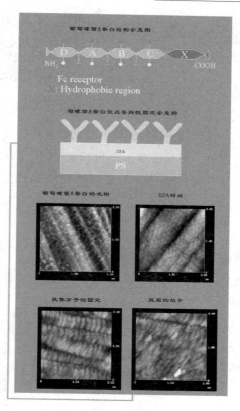

spa 位点纳米导向固定的效果图

种营养物质与活性成分，给表面细胞补充水分和养分，改良性状、改善其新陈代谢过程，使皮肤的持久健康。

不同品质、档次的化妆品，仅在添加活性成分方面有较大区别，如天然植物提取物、多种生物酶、多种维生素等，但这些活性物质，活性越高，越不稳定，见光、遇热、酸、氧等极易分解或氧化。如何使有效的活性物质在化妆品的添加、储存中保持稳定和鲜活？如何营造表层皮肤组织结构所需的生物环境，并将所携带的鲜活的成分释放，且维持一定的有效时间、有效浓度？这些一直是化妆品领域中的难题。

传统工艺乳化得到的化妆品膏体内部结构为胶团状或胶束状，其直径

95

为微米，对皮肤渗透能力很弱，不易被表皮细胞吸收。因为皮肤的吸收功能有限，一般只能通过皮肤和汗腺两条途径。而皮肤最外层具有疏水性角质层，因而水溶性物质和大分子的物质通过表皮吸收和毛囊皮脂腺的吸收相当不易。

为了使有效的活性物质——如维生素、植物提取酶、蛋白质等物质，在化妆品中保持稳定和鲜活，并将所携带的鲜活的成分释放，且维持有效时间、有效浓度，20世纪60年代，科学家就开始研究包裹脂质体。但脂质体是一个仿细胞壁结构的双极性分子结构，像一个肥皂泡，且内层（核）为液体，是一种亚稳定状态，遇热、表面活性剂或脂质体碰撞，就易破裂。

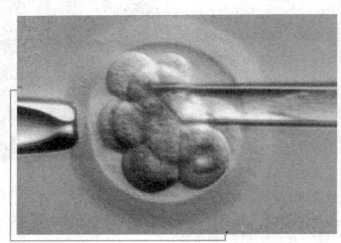

活细胞仿生微球的实验

20世纪80年代，科学家开始研究活细胞微球。"活细胞仿生微球"是仿人体角质细胞结构，由天然物质合成的。外层是由天然磷脂体组成的双极性分子双层结构，内层细胞由天然多糖分子组成的网状固体核。活性物质被固定，且完全是一种稳定状态，即使遇热碰撞等情况均相对稳定，而其纳米级超分子结构稳定，依靠其活细胞结构与人体组织的相容的亲和力，极易进入表层皮肤深层，修复和强化角质层组织结构，防止皮肤老化。另一方面，它的载带作用非常明显，并能保持载带物的稳定性。它包裹保护的如维生素、生物酶、美白剂等一些在化妆品中无法有效使用的高活性天然植物精华，能长期保持其新鲜活性。北京某美容保健机构向全社会推出的纳米化妆品"纳米保鲜护肤液"，就是引进了国际最高新技术"活细胞仿生微球"——纳米级（粒径）超微载体，其内包裹了多种易于吸收的微生物活性物质及维生素 C、E 等护肤成分，能有效的保护活性成分不受破坏，同时其缓释作用可延长活性成分的作用时间，能将纳米化妆品所有的优点发挥极至。

　　纳米技术运用到化妆品制造业中，能对传统工艺乳化得到的化妆品缺陷进行很好改进。因为用纳米级功能原料通过纳米技术处理得到的化妆品膏体微粒可以达到纳米级状态，这种纳米级膏体对皮肤渗透性大大增加，皮肤选择吸收功能物质的利用率随之大为提高。采用纳米技术研制的化妆品，其独到之处在于，它将化妆品中的最具功效的成分特殊处理成纳米级这种极其微小的结构，顺利渗透到皮肤内层，事半功倍地发挥护肤、疗肤效果。

纳米化妆品

　　纳米化妆品给美容日化行业带来了一股新鲜的活力，一时间成为新世纪新宠。国内外已经有美容产品开始使用纳米微球技术，这类绿色护肤化妆品以优质、高效、安全、持久等优异性能来满足人们对高品质美容的追求。

　　一位智者曾留言，人类对纳米的认识还远远不够，但是我们坚信，随着对纳米科技的进一步认识，人类的生活将发生深刻的变化。放眼长远，科学家们仍然是信心满怀，相信纳米的未来不是梦。

　　下面我们谈谈纳米保鲜护肤品——纳米护肤品的问世，带给我们的神奇、惊异和向住。那什么是纳米护肤品呢？护肤品是专门针对皮肤的特殊保健品。人体的皮肤具有良好的保护和防御功能，是机体天然的屏障，在抵御有害物的同时，也将护肤品中丰富多彩的"营养"挡在外面，成了皮肤表面的堆砌。对大多数化妆品而言，"溶解、吸收和利用"一直是科学家奋力研究的课题，纳米技术是科技领域的一次飞跃，是一次工业革命，纳米技术研制的护肤品，是在几百纳米尺度内，应用操纵和加工技术将化妆品中最具功效的成分特殊处理成 100 纳米内的微小结构。

纳米保鲜护肤品

21 世纪美容将以科技领先，纳米护肤品带给我们的不仅是一股科技风，它将给千千万万追求健康、美丽、时尚的人们带来真切的感受和实惠，带来更加美好的生活。

神奇的纳米生物材料

纳米材料对生物医学的影响具有深远的意义，纳米医学的发展进程如何，在很大程度上取决于纳米材料科学的发展。纳米材料分为两个层次：纳米微粒和纳米固体。

如今，人们已经能够直接利用原子、分子生产、制备出仅包含几十个到几百万个原子的单个粒径为 1～100 纳米的纳米微粒，并把它们作为基本构成单元，适当排列成三维的纳米固体。纳米材料由于其结构的特殊性，表现出许多不同于传统材料的物理、化学性能。在医学领域中，纳米材料已经得到成功的应用。最引人注目的是作为药物载体，或制作人体生物医学材料，如人工肾脏、人工关节等。在纳米铁微粒表面覆一层聚合物后，可以固定蛋白质或酶，以控制生物反应。国外用纳米陶瓷微粒作载体的病毒诱导物也取得成功。由于纳米微粒比血红细胞还小许多，因此可以在血液中自由运行，在疾病的诊断和治疗中发挥独特作用。

药物和基因纳米载体材料将带来医学变革

在纳米生物材料研究中，目前研究的热点和已有较好基础及做出实质性成果的是药物纳米载体和纳米颗粒基因转移技术。这两种技术分别是以纳米颗粒作为药物和基因转移载体，将药物、DNA 和 RNA 等基因治疗分子包裹在纳米颗粒之中或吸附在其表面，同时也在颗粒表面耦联特异性的靶向分子，如特异性配体、单克隆抗体等，通过靶向分子与细胞表面特异性受体结合，在细胞摄取作用下进入细胞内，实现安全有效的靶向性药物和基因治疗。

药物纳米载体具有高度靶向、药物控制释放、提高难溶药物的溶解率和吸收率等优点，因此可以提高药物疗效和降低毒副作用。纳米颗粒作为基因载体具有一些显著的优点：纳米颗粒能包裹、浓缩、保护核苷酸，使其免遭核酸酶的降解；比表面积大，具有生物亲和性，易于在其表面耦联特异性的靶向分子，实现基因治疗的特异性；在循环系统中的循环时间较普通颗粒明显延长，在一定时间内不会像普通颗粒那样迅速地被吞噬细胞清除；让核苷酸缓慢释放，有效地延长作用时间，并维持有效的产物浓度，提高转染效率和转染产物的生物利用度；代谢产物少，副作用小，无免疫排斥反应等。

对专利和文献资料的统计分析表明，用于恶性肿瘤诊断和治疗的药物载体主要由金属纳米颗粒、无机非金属纳米颗粒、生物降解性高分子纳米颗粒和生物性颗粒构成。由于毒副作用小，胶体金和铁是金属材料中作为基因载体、药物载体的重要材料。胶体金于40年前用于细胞器官染色，以便在电子显微镜下对细胞分子进行观察与分析。胶体金对细胞外基质胶原蛋白表现出特异结合的特性，启发人们考虑用胶体金作为药物和基因的载体，用于恶性肿瘤的诊断和治疗。

在非金属无机材料中，磁性纳米材料最为引人注目，已成为目前新兴生物材料领域的研究热点。特别是磁性纳米颗粒表现出良好的表面效应，表面激增，官能团密度和选择吸附能力变大，携带药物或基因的百分数量增加。在物理和生物学意义上，顺磁性或超顺磁性的纳米铁氧体纳米颗粒在外加磁场的作用下，温度上升至 $40 \sim 45 \, ℃$，可达到杀死肿瘤的目的。

生物降解性是药物载体或基因载体的重要特征之一，通过降解，载体与药物或基因片段定向进入靶细胞之后，表层的载体被生物降解，芯部的药物释放出来发挥疗效，避免了药物在其他组织中释放。可降解性高分子纳米药物和基因载体已成为目前恶性肿瘤诊断与治疗研究中主流。研究和发明中超过60%的药物或基因片段采用可降解性高分子生物材料作为载体，如聚丙交脂（PLA）、聚已交脂（PGA）、聚已内脂（PCL）、PMMA、聚苯乙烯（PS）、纤维素、纤维素—聚乙烯、聚羟基丙酸脂、明胶以及它们之间的共聚物。这类材料最突出的特点是生物降解性和生物相容性。通过成分控制和结构设计，生物降解的速率可以控制，部分聚丙交脂、聚已交脂、聚已内脂、明胶及它们共聚物可降解成细胞正常代谢物质——水和二氧化碳。

生物性高分子物质，如蛋白质、磷脂、糖蛋白、脂质体、胶原蛋白等，利用它们的亲和力与基因片段和药物结合形成生物性高分子纳米颗粒，再结合上含有天门氨氨酸的定向识别器，靶向性与目标细胞表面的整合子

（integrins）结合后将药物送进肿瘤细胞，达到杀死肿瘤细胞或使肿瘤细胞发生基因转染的目的。

药物纳米载体（纳米微粒药物输送）技术是纳米生物技术的重要发展方向之一，将给恶性肿瘤、糖尿病和老年性痴呆等疾病的治疗带来变革。

如何制备药物和基因纳米载体

将聚乙二醇多段共聚物作为抗癌药物阿霉素的载体，其中聚乙二醇嵌段接枝共聚物的分子量为2000，该共聚物由寡肽与氨基尾端链接而成，通过二氨和PEG2（琥珀酰亚氨羧酸酯）界面凝聚制得。每个寡肽片段含有三个羧基基团，主要用于与抗癌药物阿霉素连接。至少含有一个分子量最低的烷基和一个C2～20链烷醇基团环糊精衍生物，可用于药物的释放，具有低溶血活性。聚乙二醇多段共聚物采用硅烷偶联剂处理，在紫外光照射下引发聚合，制备聚N—异丙基丙烯酰胺薄涂层，用于制备纳米载体微粒。

让药物瞄准病变部位的"纳米导弹"

从1994年开始，中南大学卫生部肝胆肠外科研究中心张阳德等开展了磁纳米粒治疗肝癌研究，他们的研究内容包括磁性阿霉素白蛋白纳米粒在正常肝中的磁靶向性、在大鼠体内的分布及对大鼠移植性肝癌的治疗效果等。结果表明，磁性阿霉素白蛋白纳米粒具有高效磁靶向性，在大鼠移植肝肿瘤中的聚集明显增加，而且对移植性肿瘤有很好的疗效。

靶向技术的研究主要在物理化学导向和生物导向两个层次上进行。物理化学导向在实际应用中缺乏准确性，很难确保正常细胞不受到药物的攻击。生物导向可在更高层次上解决靶向给药的问题。

物理化学导向——利用药物载体的pH敏、热敏、磁性等特点在外部环境的作用下（如外加磁场）对肿瘤组织实行靶向给药。磁性纳米载体在生物体的靶向性是利用外加磁场，使磁性纳米粒在病变部位富集，减少正常组织的药物暴露，降低毒副作用，提高药物的疗效。磁性靶向纳米药物载体主要用于恶性肿瘤、心血管病、脑血栓、冠心病、肺气肿等疾病的治疗。

生物导向——利用抗体、细胞膜表面受体或特定基因片段的专一性作用，将配位子结合在载体上，与目标细胞表面的抗原性识别器发生特异性结合，使药物能够准确送到肿瘤细胞中。药物（特别是抗癌药物）的靶向释放面临网状内皮系统（RES）对其非选择性清除的问题。再者，多数药物为疏水性，它们与纳米颗粒载体偶联时，可能产生沉淀，利用高分子聚合物凝胶成为药物载体可望解决此类问题。因凝胶可高度水合，如合成时对其尺寸达到纳米级，可用于增强对癌细胞的通透和保留效应。目前，虽然许多蛋白质类、酶类抗体能够在实验室中合成，但是更好的、特异性更强的靶向物质还有待于研究与开发。而且药物载体与靶向物质的结合方式也有待于研究。

纳米生物器件研究

给肿瘤贴标签的纳米生物传感器

将荧光素（荧光蛋白）结合靶向因子，通过与肿瘤表面的靶标识别器结合后，在体外用测试仪器显影可确定肿瘤的大小尺寸和体位。另一个重要的方法是将纳米磁性颗粒与靶向性因子结合，与肿瘤表面的靶标识别器结合后，在体外用仪器测定磁性颗粒在体内的分布和位置，确定肿瘤的大小尺寸和体位。

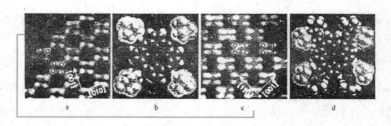

扫描探针下材料表面

美国科学家研制出一种纳米探针，它是一支直径 50 纳米，外层包银的光纤，并可传导一束氦—镉激光。它的尖部贴有可识别和结合聚对苯二甲酸丁二醇酯的单克隆抗体。325 纳米波长的激光将激发抗体和聚对苯二甲酸丁二醇酯所形成的分子复合物产生荧光。此荧光进入探针光纤后，由光探测器接收。美国科学家 Tuan Vo－Dinh 和他的同事认为，此高选择和高灵敏的纳米传感器能用于探测很多细胞化学物质，可以监控活细胞的蛋白质和其他科学家们感兴趣的生物化学物质。

在细胞内发放药物的"分子马达"

医学的发展，离不开医疗器械的现代化。建立在纳米尺度上的医疗器械，将会开创纳米医学的新世界。目前，研究较多的是分子马达。所谓分子马达即分子机械，是指分子水平（纳米尺度）的一种复合体，能够作为机械部件的最小实体。它的驱动方式是通过外部刺激（如采用化学、电化学、光化学等方法改变环境）使分子结构、构型或构像发生较大变化，并且保证这种变化是可控和可调制的，而不是无规则的，从而使体系在理论上具有对外机械做功的可能性。

美国康纳尔大学的科学家利用 ATP 酶作为分子马达，研制出了一种可以进入人体细胞的纳米机电设备——"纳米直升机"。该设备由生物分子组件将人体的生物"燃料" ATP 转化为机械能量，使得设备中的金属推进器运转。这种技术仍处于研制初期，但将来有可能完成在人体细胞内发放药物等医疗任务。

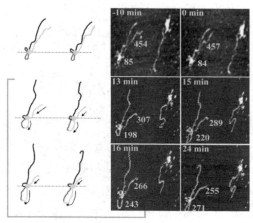

原位观测分子马达

纳米生物技术离临床诊疗有多远？纳米生物技术在医学临床的应用在

可预见的将来会非常广泛。过去 10 年中，利用纳米技术进行恶性肿瘤早期诊断与治疗的探索研究在西方发达国家已全面展开，美、日、德等发达国家斥巨资投入该项研究，旨在于 15 年内征服一部分恶性肿瘤。美国 Alfret A. Douglas C 等利用纳米颗粒与病毒基因片段及其他药物结合，构成纳米微球，在动物实验中靶向治疗乳腺肿瘤获得成功。近年来纳米技术在恶性肿瘤早期诊断与治疗应用方面最成功的是铁氧体纳米材料及相关技术。武汉理工大学李世普在体外实验中发现粒子尺度在 20～80 纳米的羟基磷灰石纳米材料具有杀死癌细胞的功能。然而，在充分安全、有效进入临床应用前仍有诸如更可靠的纳米载体，更准确的靶向物质，更有效的治疗药物，更灵敏、操作性更方便的传感器，以及体内载体作用机制的动态测试与分析方法等重大问题尚待研究解决。

总的来说，国际上纳米生物技术的研究范围涉及纳米生物材料、药物和转基因纳米载体、纳米生物相容性人工器官、纳米生物传感器和成像技术、利用扫描探针显微镜分析蛋白质和 DNA 的结构与功能等重要领域，以疾病的早期诊断和提高疗效为目标。在纳米生物材料，尤其是在药物纳米载体方面的研究已取得一些积极的进展，在恶性肿瘤诊疗纳米生物技术方面也取得了实验阶段的进展，而其他方面的研究尚处于探索阶段。

匪夷所思的 DNA 镊子

如果有一种超微型镊子，能够钳起分子或原子并对它们随意组合，制造纳米机械就容易多了。科学家在英国《自然》杂志上发表报告称，他们用 DNA（脱氧核糖核酸）制造出了一种纳米级的镊子。

美国朗讯科技公司和英国牛津大学的科学家说，利用 DNA 基本元件碱基的配对机制，可以用 DNA 为"燃料"控制这种镊子反复开合。

研究人员设计出三条 DNA 链 A、B 和 C，利用碱基配对机制，使 A 的一半与 B 的一半结合，A 的另一半与 C 的一半结合。在 A 连接 B 与 C 的地

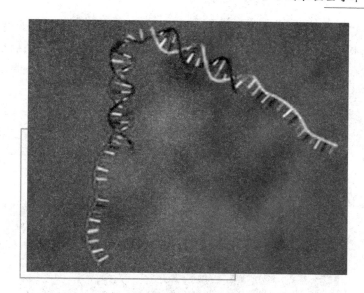

匪夷所思的 DNA 镊子

方有一个活动"枢钮"，这样就构成了一个可以开合的镊子，而其每条臂只有 7 纳米长。一般情况下，镊子保持"开"的状态。利用另一条设计好的 DNA 链 D，使它分别与 B 和 C 上碱基未配对的部分结合，就把 B 和 C 两臂拉到一起，使镊子合上。同时，D 仍留出一部分未配对的碱基。再添加一条 DNA 链 E，使它与链 D 上碱基未配对的部分结合，把 D 拉离镊子，就能使镊子重新张开。重复添加链 D 和链 E 的过程，就能使镊子反复开合。由于这个镊子的开合需要在 DNA 链 D 和链 E 的作用下才能进行，所以科学家将其称为这种镊子的"燃料"。

科学家说，这种镊子尚不能真正用于制造纳米机械，因为目前还有许多问题需要研究，例如怎样用它钳住所需的分子或原子。

辛勤的"纳米蜂"

纳米蜂，是指利用纳米技术研制出一种的"纳米蜜蜂"。科学家让其身背装有"蜂毒肽"的小包裹钻入癌细胞并将它们一个个消灭掉。实验表明，这种技术对乳腺癌和皮肤癌的治疗效果明显。纳米蜂技术具有杀癌细胞功效明显、副作用小、成本低的优势，为人类对抗癌症提供了一个强有力的武器。

纳米蜂助杀癌细胞

关于纳米蜂的简介

2009 年 8 月，美国华盛顿大学的科学家公布了一项非常有意义的研究成果——他们利用纳米技术成功研制出"纳米蜜蜂"，可让其身背装有"蜂毒肽"的小包裹钻入癌细胞并将它们一个个消灭掉。实验中，"纳米蜜蜂"已经成功地将实验室小白鼠体内的癌细胞消灭殆尽，科学家希望在进行更多的研究之后，能够早日将这一技术应用到人类身上，造福癌症患者。

关于纳米蜂的实验

华盛顿大学医学院塞特曼癌症中心教授塞缪尔·威克莱恩和他的团队

组织了一次研究。他们给一组老鼠植入黑色素肿瘤，也就是皮肤癌细胞，在另一组老鼠体内植入人类乳腺癌细胞。随后，研究人员把蜂毒中的主要活性物质——蜂毒肽附着在"纳米蜂"上注射进老鼠体内。

经过4、5次注射后，他们发现，与没接受注射的老鼠相比，癌症老鼠体内乳腺癌肿瘤的体积缩小四分之一，黑色素肿瘤的体积更是缩小至原来的约十分之一。

"这些'纳米蜂'降落在细胞表面，它们'卸载'下来的蜂毒肽会迅速融入目标细胞中"，研究领头人威克莱恩说。此外，当蜂毒肽"卸载"在细胞上后，"纳米蜂"就会溶解并在肺部蒸发，对人体不会产生任何副作用。

关于纳米蜂的原理

蜂毒肽之所以能够摧毁癌细胞，是因为它们接触细胞表面后可以撕裂细胞膜，破坏细胞内部组织。当（蜂毒肽）浓度足够高时，就可以破坏任何接触到的细胞。

如果将蜂毒肽直接注射进血液，那么在杀死癌细胞的同时也会导致血液细胞大量"牺牲"，因此科学家设计让"纳米蜂"来充当蜂毒载体。"纳米蜂"并非真蜂，而是由全氟碳构成的微粒。它大小适中，既可以运送上千的活性化合物，也可以在血管里灵巧地游动去接触细胞膜。

一旦进入体内，"纳米蜂"就会聚集在肿瘤组织处。此外，为了提高"准确度"，科学家还在"纳米蜂"上加载了特殊化合物来引导它们接近癌细胞。

关于纳米蜂的效果

"纳米蜂"虽然比一根人的发丝还要小几千倍，不过矫健的身形足以背着蜂毒肽包裹经由血液到达癌细胞生长处。在已经进行了的针对乳腺癌和皮肤癌的实验中，患病小白鼠体内就被注射了"纳米蜂"。"纳米蜂"找到癌细胞后并不会急着释放蜂毒肽，它先是一头钻进癌细胞内，包裹里携带的全氟化碳会降低癌细胞的活性，紧接着蜂毒肽被放出后，癌细胞就会立即死亡，杀癌细胞功效显著。

"纳米蜂"内部还有专门的定位物质，能够指引它一路前行，直达患处；而外部的纳米颗粒不仅能够有效防止"纳米蜂"伤害并未染病的健康器官，还能保证它在到达患处前不因与身体器官发生摩擦而破损。

　　在实验中，被注射"纳米蜂"的乳腺癌小白鼠体内的癌细胞减少了45%，而患有皮肤癌的小白鼠体内的癌细胞则锐减了75%之多。科学家表示，他们相信"纳米蜂"在对抗前列腺癌和肠癌细胞时也能发挥出色的杀癌功效。

关于纳米蜂的技术优势

　　实验显示，老鼠在接受治疗时均没有发生"附带损害"，它们的血细胞计数正常，也没有器官受损的征兆。这意味着，蜂毒肽附着"纳米蜂"进入血液后不仅可以有效破坏癌细胞，还可以避免伤害到健康细胞。研究人员说，蜂毒肽治疗相比化学疗法副作用较小，在特定癌症治疗上很有可能取代传统治疗方法，从而开启人类抗癌治疗的新篇章。

　　科学家认为"纳米蜂"具有很大潜力，它不仅可能"干掉"已形成的肿瘤组织，还有可能成功遏制早期癌症的发展。华盛顿大学的保罗·施莱辛格博士表示："蜂毒肽是一件强有力的杀癌武器。我们发现，它的针对打击能力很强，任何与它接触的癌细胞都会被消灭。众所周之，癌细胞会根据药物而产生抵抗力，但是它们很难根据蜂毒肽的作用机理来发展出针对蜂毒肽的抵抗力。"

超敏感的"鼻子"——纳米鼻

　　美国马萨诸塞州阿穆赫斯特大学的科学家已经制造了一种分子"鼻子"，它可以利用纳米粒子似的传感器来嗅出和识别蛋白质。这些超灵敏的传感器被训练得十分精明，可以探测各种各样的蛋白质，甚至可以充当诊断癌症等疾病的工具。其高明之处就是它能嗅出由生病细胞发出的气味。

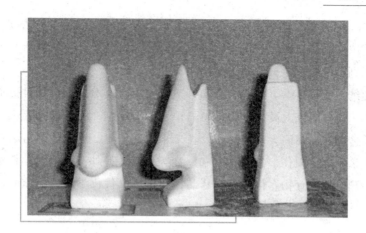

分子鼻子的模型

目前探测蛋白质的方法通常是依靠特定的受体来感受气味，就像锁和钥匙一样，特定的受体与特定蛋白质套在一起。研究人员用分子锁装满微电极，当他们将蛋白质"钥匙"加到电极上时，看看是哪两种物质结合在一起，从而确定蛋白质的种类。此技术虽然精确，但造价亦非常昂贵。因为测定特定的蛋白钥匙，你得有特定的"锁"。

研究人员想设计一种探测方法，可更加全面地进行感知，像人类的鼻子一样，一个鼻子可以闻出不同的气味。这就需要受体来识别不同的气味。当蛋白接触到这种分子鼻子时，就会刺激一群传感器受体以签署好的图案来读取指纹。不知道的新蛋白将有独特的签名，可以较传统方式更加轻易地识别出来。

因此，科学家用金纳米粒子建造了他们的分子鼻子。金纳米粒子可以精确地加工成不同的大小和形状。所有蛋白质有自己独特的形状，会具有一个电极或化学键。凭借其独特的形状，这些蛋白质可以刺激特定的传感器使其释放它们的染料和光亮。之后，研究人员可以读取这些发光图案，就像看指纹一样，以识别出当前的这种蛋白质。

研究人员使用 6 种不同的纳米粒子来感知 7 种不同的蛋白质，其中有些蛋白质被故意弄得很相似。经检测，传感器正确识别已知的蛋白的成功率达94%。研究人员还开发了一种技术，可以处理不同的蛋白质浓度，因为蛋白质浓度有时会影响分析。通过结合原始数据与统计分析，研究人员能正确识别随机选择的56种蛋白，成功率达96%。

此纳米鼻子提供了独特的感知方法，较现有技术更加可靠且更加便宜地应用。目前研究人员重点让传感器识别由癌细胞产生的畸形蛋白，目的就是让传感器像嗅癌犬一样工作。在未来的几年里，这项技术可以在医学上用于诊断器官损伤、细菌感染和癌症等疾病。另外，这项嗅觉技术还可用来检测腐败的食物、化妆品和药品，在机场取代化学传感器监测和扫描毒品和炸药。

纳米在科技中大放异彩

世界纳米科技发展态势和特点

科学界普遍认为，纳米技术是 21 世纪经济增长的一台主要的发动机，其作用可使微电子学在 20 世纪后半叶对世界的影响相形见绌，纳米技术将给医学、制造业、材料和信息通信等行业带来革命性的变革。因此，近几年来，纳米科技受到了世界各国尤其是发达国家的极大重视，并引发了越来越激烈的竞争。

各国竞相出台纳米科技发展战略和计划

由于纳米技术对国家未来经济、社会发展及国防安全都具有重要意义，世界各国纷纷将纳米技术的研发作为 21 世纪技术创新的主要驱动器，相继制定了发展战略和计划，以指导和推进本国纳米科技的发展。目前，世界上已有 50 多个国家制定了国家级的纳米技术计划。一些国家虽然没有专项的纳米技术计划，但其他计划中也包含了纳米技术相关的研发。

（1）发达国家和地区雄心勃勃

为了争得纳米科技的先机，美国早在 2000 年就率先制定了国家级的纳米技术计划（NNI），其宗旨是整合联邦政府各机构的力量，加强各机构在开展纳米尺度的科学、工程和技术开发工作方面的协调。2003 年 11 月，美国国会又通过了《21 世纪纳米技术研究开发法案》，这标志着纳米技术已成为联邦政府的重大研发计划。此计划将从基础研究、应用研究到基础设施、研究中心的建立以及人才的培养等方面全面展开。

　　日本政府将纳米技术视为"日本经济复兴"的关键。第二期科学技术基本计划将生命科学、信息通信、环境技术和纳米技术作为 4 大重点研发领域，并制定了多项措施确保这些领域所需战略资源（人才、资金、设备）的落实。之后，日本科技界较为彻底地贯彻了这一方针，积极推进从基础性到实用性的研发，同时跨省厅重点推进能有效促进经济发展和加强国际竞争力的研发。

日本 sii 纳米科技的研发

　　欧盟在 2002～2007 年实施的第六个框架计划也对纳米技术给予了空前的重视。该计划将纳米技术作为一个最优先的领域，有 13 亿欧元作为经费专门用于纳米科技、多功能材料、新生产工艺和设备等方面的研究。欧盟委员会还力图制定欧洲的纳米技术战略，目前，已确定了促进欧洲纳米技术发展的 5 个关键措施：增加研发投入，形成势头；加强研发基础设施；从质和量方面扩大人才资源；重视工业创新，将知识转化为产品和服务；考虑社会因素，趋利避险。另外，包括德国、法国、英国在内的多数欧盟国家还制定了各自的纳米技术研发计划。

新兴工业化经济体瞄准先机

当西方发达国家的政府均意识到纳米技术将会给人类社会带来巨大的影响的同时，韩国、中国台湾等新兴工业化经济体，为了保持竞争力，也纷纷制定纳米科技发展战略。韩国政府 2001 年制定了《促进纳米技术 10 年计划》，2002 年颁布了新的《促进纳米技术开发法》，随后的 2003 年又颁布了《纳米技术开发实施规则》。韩国政府的政策目标是融合信息技术、生物技术和纳米技术这 3 个主要技术领域，以提升前沿技术和基础技术的水平。

中国台湾自 1999 年开始，相继制定了《纳米材料尖端研究计划》、《纳米科技研究计划》，这些计划以人才和核心设施建设为基础，以追求"学术卓越"和"纳米科技产业化"为目标，意在引领台湾知识经济的发展，建立产业竞争优势。

发展中大国奋力赶超

综合国力和科技实力较强的发展中国家为了迎头赶上发达国家纳米科技发展的势头，也制定了自己的纳米科技发展战略。中国政府在 2001 年 7 月就发布了《国家纳米科技发展纲要》，并先后建立了国家纳米科技指导协调委员会、国家纳米科学中心和纳米技术专门委员会。目前正在制定中的《国家中长期科技发展纲要》将明确中国纳米科技发展的路线图，确定中国在目前和中长期的研发任务，以便在国家层面上进行指导与协调，集中力量、发挥优势，争取在几个方面取得重要突破。鉴于未来最有可能的新兴技术浪潮是纳米技术，印度政府也通过加大对从事材料科学研究的科研机

113

构和科研项目的支持力度，加强材料科学中具有广泛应用前景的纳米技术的研究和开发。

纳米科技研发投入一路攀升

纳米科技已在国际间形成研发热潮，现在无论是富裕的发达国家还是渴望富裕的发展中国家，都在对纳米科学与技术工程投入巨额资金，而且投资迅速增加。据欧盟2004年5月的一份报告称，在过去10年里，全世界对研发纳米技术的公共投资从1997年的约4亿欧元增加到了30亿欧元以上。私人的纳米技术研究投资估计为20亿欧元。这说明，全球对纳米技术研发的年投资已达50亿欧元。

美国对纳米技术的公共投资最多。联邦政府的纳米技术研发经费从2000年的2.2亿美元增加到2003年的7.5亿美元，2005年更增加到9.82亿美元。更重要的是，根据《21世纪纳米技术研究开发法》，在2005～2008财政年度联邦政府对纳米技术投入了37亿美元，而且这还不包括国防部及其他部门将用于纳米技术研发的经费。

目前日本是仅次于美国的第二大纳米技术投资国。日本早在20世纪80年代就开始支持纳米科学研究，近年来政府对纳米科技研发的投入增长迅速，从2001年的4亿美元激增至2003年的近8亿美元，而2004年还增长了20%。

中国纳米科技的研发

在欧洲，根据第六个框架计划，欧盟对纳米技术研发的资助每年约达7.5亿美元，有些人估计资助总额可达9.15亿美元。另有一些人估计，欧盟各国和欧盟理事会对纳米技术研究的总投资可能高于美国两倍，甚至更高。

今后5年内我国中央政府对纳米技术研究的经费支出将达到2.4亿美元左右。中国台湾从2002～2007年间在纳米技术相关领域投资了6亿美元，且每年稳中有增，平均每年增1亿美元。韩国每年对纳米技术的投入预计约为1.45亿美元，而新加坡则达3.7亿美元左右。

就纳米科技研究经费人均公共支出而言，欧盟27国为人均2.4欧元，美国为人均3.7欧元，日本为人均6.2欧元。可见在发达国家中，日本对于纳米科研究的人均公共支出金额最高。

另外，据致力于纳米技术研究的美国鲁克斯资讯公司2004年发布的一份年度报告称，很多私营企业对纳米技术研究的投资也快速增加。美国的公司在这一领域的投入约为17亿美元，占全球私营机构38亿美元纳米技术投资总额的46%；亚洲企业的投资为14亿美元，占36%；欧洲私营机构的投资为6.5亿美元，占17%。由于投资的快速增长，纳米技术的创新时代必将到来。

世界各国纳米科技发展各有千秋

根据目前世界各国的纳米科技发展情况，我们可以发现美国虽具有一定的优势，但现在尚无确定的赢家和输家。

在纳米科技论文方面日、德、中三国不相上下

根据中国科技信息研究所进行的关于纳米论文的统计结果，2000～2002年，共有40370篇纳米科技研究论文被《2000～2002年科学引文索引（SCI）》收录。纳米科技研究论文数量逐年增长，且增长幅度较大，2001年和2002年的增长率分别达到了30.22%和18.26%。

而从2000～2002年全球纳米科技研究论文发表情况来看，美国以较大的优势领先于其他国家，三年累计论文数超过10000篇，几乎占全球相关论文总数的30%。日本（12.76%）、德国（11.28%）、中国（10.64%）和法国（7.89%）位居其后，它们各自的论文发表总数都超过了 3000 篇。而且以上五国在 2000～2002 年间每年的纳米科技论文产出量大都超过了 1000 篇，是纳米科学研究最活跃的国家，也是纳米科技研究实力最强的国家。中国的增长幅度最为突出，2000 年中国纳米科技总数在全球纳米科技论文总数中所占论文比例还落后德国约两个百分点，到 2002 年已经超过德国，位居世界第三位，与日本接近。

除了上述五国以外，英国、俄罗斯、意大利、韩国、西班牙发表的论文数量也较多，各国三年累计发表论文总数都超过了 1000 篇，且每年发表的论文数均可以进入全球纳米科技论文发表总数排行榜前十名。这五个国家可以列为纳米科技研究较活跃的国家。

另外，如果欧盟各国作为一个整体，其论文发表数量则超过 36%，高于美国的 29.46%。

在申请纳米技术发明专利方面美国独占鳌头

据统计：美国专利商标局 2000～2002 年共受理 2236 项关于纳米技术的专利。其中申请专利最多的国家是美国（1454 项），其次是日本（368 项）和德国（118 项）。由于专利数据来源美国专利商标局，所以美国的专利数量非常多，所占比例超过了 60%。日本和德国分别以 16.46% 和 5.28% 的比例列在第二位和第三位。英国、韩国、加拿大、法国和中国台湾的申请专利数也较大，所占比例都超过了 1%。

专利反映了研究成果实用化的能力。多数国家纳米科技论文数与申请专利数反差较大，在论文数最多的 20 个国家和地区中，专利数超过论文数的国家和地区只有美国、日本和中国台湾。这说明，很多国家和地区在纳米技术的研究上具备一定的实力，但比较侧重于基础理论研究，而理论转化为实际应用的能力较弱。

就整体而言纳米科技大国各有所长

美国科学界对纳米技术的应用研究在半导体芯片、癌症诊断、光学新材料和生物分子追踪等领域快速发展。随着纳米技术在癌症诊断和生物分子追踪中的应用日益深入，目前美国科学界对纳米技术的研究热点已逐步转向医学领域。医学纳米技术已经被美国政府列为国家的优先科研计划。在纳米医学方面，纳米传感器可在实验室条件下对多种癌症进行早期诊断，而且，已能在实验室条件下对前列腺癌、直肠癌等多种癌症进行早期诊断。2004年，美国国立卫生研究院癌症研究所专门出台了一项《癌症纳米技术计划》，目的是将纳米技术、癌症研究与分子生物医学相结合，实现2015年消除癌症死亡和痛苦的目标。利用纳米颗粒追踪活性物质在生物体内的活动也是一个研究热门，它对于研究艾滋病病毒、癌细胞在人体内的活动情况具有现实意义，同时还可以用来检测药物对病毒的作用效果。利用纳米颗粒追踪病毒的研究也已有实质性成果，未来5~10年有望将这一技术商业化。

虽然医学纳米技术正成为纳米科技的新热点，但是纳米技术在半导体芯片领域的应用仍然引人关注。美国科研人员正在加紧纳米级半导体材料晶体管的应用研究，期望突破传统的极限，让芯片体积更小、速度更快。纳米颗粒的自组装技术是这一领域中最受关注的地方。不少科学家试图利用化学反应来合成纳米颗粒，并按照一定规则排列这些颗粒，使其组合成为体积小而运算快的芯片。这种技术本来有望取代传统光刻法制造芯片的技术。在光学新材料方面，目前已研制出可控直径5纳米到几百纳米、可控长度达到几百微米的纳米导线。

日本纳米技术的研究开发实力强大，某些方面处于世界领先水平，但尚未脱离基础和应用研究阶段，距离实用化还有相当长的一段路要走。在纳米技术的研发上，日本最重视的是应用研究，尤其是纳米新材料研究。除了碳纳米管外，日本开发出多种不同结构的纳米材料，如纳米链、中空微粒、多层螺旋状结构、富勒结构套富勒结构、纳米管套富勒结构、酒杯叠酒杯状结构等。

日本高度重视开发检测和加工技术。目前广泛应用的扫描隧道显微镜、原子力显微镜、近场光学显微镜等的性能不断提高，并涌现了诸如数字式显微镜、内藏高级照相机显微镜、超高真空扫描型原子力显微镜等新产品。科学家村田和广成功开发出亚微米喷墨印刷装置，能应用于纳米领域，在硅、玻璃、金属和有机高分子等多种材料的基板上印制细微电路，是世界最高水平。

日本企业、大学和研究机构积极在信息技术、生物技术等领域内为纳米技术寻找用武之地，如制造单个电子晶体管、分子电子元件等更细微、更高性能的元器件和量子计算机，解析分子、蛋白质及基因的结构等。不过，这些研究大都处于探索阶段，实际研究成功的成果为数不多。

欧盟在纳米科学方面颇具实力，特别是在光学和光电材料、有机电子学和光电学、磁性材料、仿生材料、纳米生物材料、超导体、复合材料、医学材料、智能材料等方面的研究能力较强。

中国在纳米材料及其应用、扫描隧道显微镜分析和单原子操纵等方面研究较多，主要以金属和无机非金属纳米材料为主（约占80%）。高分子和化学合成材料也是我国纳米技术研究中一个重要课题，而我国在纳米电子学、纳米器件和纳米生物医学的研究水平方面与发达国家有明显差距。

纳米技术产业化步伐加快

目前，纳米技术产业化尚处于初期阶段，但纳米技术展示了其巨大的商业前景。据统计：2004年全球纳米技术的年产值已经达到500亿美元，2010年达到14400亿美元。为此，各纳米技术强国为了尽快实现纳米技术的产业化，都在加紧采取措施，促进产业化进程。

美国国家科研项目管理部门的管理者认为，美国大公司自身的纳米技术基础研究不足，导致美国在该领域的开发应用缺乏动力。因此，尝试建立一个由多所大学与大企业组成的研究中心，希望借此使纳米技术的基础研究和应用开发紧密结合在一起。美国联邦政府与加利福尼亚州政府一起斥巨资在洛杉矶地区建立一个"纳米科技成果转化中心"，以便及时有效地将纳米科技领域的基础研究成果应用于产业界。该中心的主要工作有两项：一是进行纳米技术基础研究；二是与大企业合作，使最新的基础研究成果尽快实现产业化。其研究领域涉及纳米计算、纳米通讯、纳米机械和纳米电路等许多方面，其中不少研究成果将被率先应用于美国国防工业。

美国的一些大公司也正在认真探索利用纳米技术改进其产品和工艺的潜力。IBM、惠普、英特尔等一些 IT 公司有可能在近期内取得突破，并生产出商业产品。一个由微电子工业、商业和学术组织组成的网络在迅速扩大，其目的是共享信息，促进联系，加速纳米技术应用。

日本企业界也加强了对纳米技术的投入。关西地区已有近百家企业与16 所大学及国立科研机构联合，不久前又召开了"关西纳米技术推进会议"，以大力促进本地区纳米技术的研发和产业化进程。东丽、三菱、富士通等大公司更是纷纷斥巨资建立纳米技术研究所，试图将纳米技术融入各自从事的产业中。

欧盟于 2003 年建立纳米技术工业平台，推动纳米技术在欧盟成员国的应用。欧盟委员会指出：建立纳米技术工业平台的目的是使工程师、材料学家、医疗研究人员、生物学家、物理学家和化学家能够协同作战，把纳米技术应用到信息技术、化妆品、化学产品和运输领域，生产出更清洁、更安全、更持久和更"聪明"的产品，同时减少能源消耗和垃圾排放。欧盟希望通过建立纳米技术工业平台和增加纳米技术研究投资使其在纳米技术方面尽快赶上美国。

为了促进纳米技术研发成果的转化，2000 年 12 月，中国成立了第一个国家纳米技术产业化基地。该基地集中了国内一流的纳米技术研究机构和专家，并正在筹建世界级的国家纳米技术研究院。基地的发展目标是成为世界级的纳米技术科学城，孵化出一批世界级的高新技术企业，培养出一批世界级的纳米技术专家和现代企业家，把基地建成为一个综合的、跨学科的、市场化的、开放的、流动的现代化"纳米产业集群"。2003 年 8 月，中国科学院纳米技术产业化基地宣告成立。该基地由中国科学院和多家纳米技术企业组成，将以产业化开发为主，兼顾应用研究与基础研究。

美国《技术评论》杂志在其"创新专栏"中报道纳米技术进展时指出：在世界各国加快纳米技术商业化步伐的同时，亚洲一些国家已明显处于领先地位。中国、日本、韩国和新加坡等国政府都投入重金发展纳米技术，其目的是要开发包括超灵敏诊断技术以及超级计算机等在内的众多产品。密歇根州立大学的纳米技术专家托马奈克称，中国、日本和韩国等国家将在未来几年内成为世界纳米技术的领头羊。在纳米技术的某些领域，这三个国家都处于领先地位。

纳米科技下的微电子与计算机

120

电脑是 20 世纪的一大发明。由于纳米材料和纳米技术的出现，由纳米结构技术支持和纳米材料组装成的新一代电脑将是 21 世纪的最重大的科技发明之一。

纳米电脑的核心元件就是纳米芯片，分别有蛋白质芯片，DNA 芯片。这种蛋白质芯片体积小，元件密度高，据测它的密度每平方厘米达 1015 ~ 1016 个，比硅片集成电路高 3 ~ 5 个数量级，其存储量可达到普通电脑的 10 亿倍。DNA 芯片又称基因芯片，在 1 立体毫米晶片上可含 100 亿比特，运算速度更达到每秒 100 亿次，比现有的电脑快近 100 万倍。电脑芯片的不断更新将使电脑更加智能化，同时提高因特网的速度并大大促进电子商务、高清电视和无线通信的发展。

在新型的纳米芯片支持下，纳米级电脑包括了所谓超导电脑、化学电脑、光电脑、生物电脑（其中 DNA 电脑运算速度快，它几天的运算量就相当于目前世界上所有计算机问世以来总运算量），量子电脑（其基本元件就是原子和分子），神经电脑（用许多微处理机模仿人脑的神经元结构，采用大量的并行分布式网络就构成神经电脑，又称为人工大脑）。

纳米字母和元件微乎其微

纳米技术最早引起人们关注的是纳米技术的杰作——纳米字母。1989年，IBM 公司的研究人员利用隧道扫描显微镜的探针移动氙原子，成功地将氙原子拼成了该公司的字母商标——"IBM"。紧接着，又成功地移动 48 个铁原子，排列组成了两个汉字——"原子"。1996 年，IBM 公司设在瑞士的苏黎世研究所又成功研制出世界上最小的纳米算盘，它的算子仅有百万分之一毫米大小，是由碳原子连接成的球状分子碳 60 组成，他们发明的这种移动单个原子或者分子的技术，为新一代电子元器件的研制开辟了无限美好的前景。

纳米字母的形象图

美国普林斯顿 NEC 研究所和赖斯大学的科学家成功地研制出纳米管。这是一种把碳气化之后用钴和镍进行处理而获得的长分子串，有很强的导电性，其强度比铜高 100 多倍，重量仅是铜的 1/6。这种纳米管非常微小，5 万个纳米管排列起来，也只有一根头发丝那么粗。纳米管是一种很理想的导体，是制造纳米元件、超微导线和超微开关的首选材料。采用体积缩小了几百倍的纳米管元件代替硅芯片，将引发计算机领域的革命。美国国家航天和宇航局艾姆斯研究中心的迪帕克·斯里瓦斯塔瓦正在研制一种连接纳米管的方法。用这种方法连接的纳米管可以用作芯片元件，发挥电子开关、放大和调谐的功能。

斯里瓦斯塔瓦博士指出："我们利用一种超级计算机的模拟技术复制这些碳丝元件。实验表明，我们有望制造出这种全新的纳米元件。我们曾经使用量子分子力学方法，也就是使用一种全程跟踪变化的计算机模拟技术，成功地预测了分子结构。因此，纳米元件的制造成功是大有希望的。"

目前，尽管斯里瓦斯塔瓦博士提出的解决方案可能只存在于超级计算机模拟实验中，但是不能排除的可能性是，在传统的计算机中运行的芯片的尺寸，被纳米元件取代后将会变得像头发丝那样细小。

纳米涂层显像管大显身手

在普通显像管上涂一层纳米材料，可以有效地防止电视机和显示器的静电、眩光和辐射。我国以前使用的这种纳米涂层材料全部依赖进口，山东烟台有企业研制了一种新型纳米材料，打破了外国企业在该领域的垄断地位。这种国产纳米涂层材料将会大大降低彩电显像管的生产成本，增强国际市场竞争力。近年来，在国际市场上大力提倡绿色环保型纯平彩管，促进了防静电、防眩光和防辐射的纳米涂层

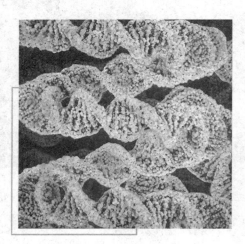

1NM 的显像管纳米涂层

材料的研制。我国目前已建和正在兴建的彩管生产线，对纳米涂层材料的年需求量近千吨，市场价值超过 2 亿美元。

纳米级新型电路设计

在现代电子产品的设计中，由于电子电路变得越来越紧凑，许多导线紧密地缠绕在一起，彼此之间存在信号相互干扰，导致整个电路的运行速度减慢，严重时甚至会发生电路短路。为了解决这个问题，美国珀杜大学电气与计算机工程系副教授考希克·罗发明了一种新颖的纳米级电路，能够显著减少导线之间的相互干扰，大大提高电路运行效率，并且降低电路制作成本。

与传统的电路设计不同的是这种新的设计巧妙地避免了产生干扰的两种主要因素：一种是纤细的金属导线经常重叠；另一种是两根紧紧相邻的平行导线内的电流方向相反。正是这两种因素使得两根导线间存在电容量，也就是说在两根导线绝缘材料之间产生了无用的电量，从而影响了整个电路的运行，降低电路的运行速度，甚至会在某个特定条件下导致电路故障。

123

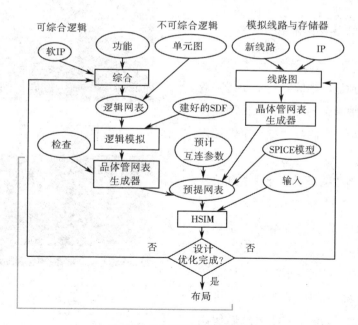

纳米集成电路设计的示意图

在新一代电路设计中，电容问题已经成为技术瓶颈之一，因为这些电路的功率比常规电路更低。为此，在电动汽车的设计中采用的轻型电池，由于导线之间的互相干扰而引发的故障率比常规电路更高。

考希克·罗在设计电路时，将线圈的紧密度降低，并且将平行导线内的电流运动方向改为同一方向，从而使导线之间的电容量大为降低。考希克·罗将这种技术用来设计纳米级电路，大获成功。他还设计出一种计算机模块来预测电路设计效果，引起了同行们的瞩目，著名纳米科学家特德认为这种纳米级新型电路设计是一种极具应用前景的新设计方法。

DNA 连接纳米电子器件

在实验室制造纳米电子器件时，遇到最困难的问题是如何制造细小的纳米金属导线，以便用这种极其细小的金属导线把纳米元件连接起来。

当制造纳米金属导线遇到技术瓶颈后，科学家们另辟蹊径，找到了用 DNA 分子连接纳米电子器件的新方法。

以色列技术研究所的科学家们最近发现，DNA 链可用作生长微型电线的模板，科学家们使用一个 DNA 分子就能够成功地将一

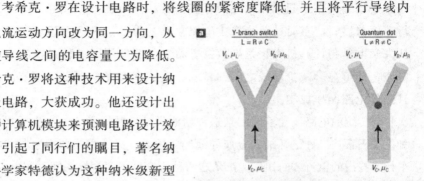

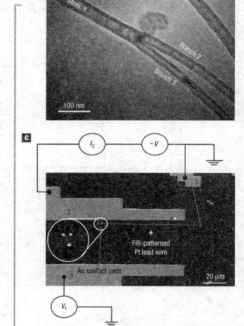

新型的纳米电路

根银导线吊装在两个金电极之间的微小间隙上，这种新技术可用于生产纳米级电子器件。

DNA 模板可解决生产纳米电子器件中最大的难题，这是因为纳米电子器件的一个重要特性是能够实现自装配，即这种 DNA 桥可以自动粘附到电极的黏端。特定的黏端可用于在特定电极间导线的吊装，使纳米工程师可完全控制元件的连线，如何正确的连线往往是工程师们遇到的最棘手问题之一。

目前科学家们面临的挑战是如何采用最有效，最廉价的方法制造出纳米器件。科学家们认为最好的方法是自组装，即原子和分子按照一定的方式自行排列，形成某种功能。如果原子和分子能够自行组合排列，就不必动用巨大而又复杂的机器设备对原子进行逐个排列，使它们形成这种结构，从而达到"讨好而又不费力"的效果。

纳米技术芯片控制元件

德国埃森大学两名科学家通过控制金原子团的二维有序结构，日前成功研制出一款世界上最小的微电子芯片元件，这项成果可以大大提高芯片的集成度，降低芯片能耗，这是纳米技术在微电子应用领域的重大突破。

微电子技术发展至今，其芯片元件最小的尺寸是45nm，是目前微电子材料技术工艺可以达到的极限。为了研制出硬件结构所需要的更小的元件，科学家们开始将注意力转移到金属原子团所呈现的量子效应的电子特性，制造出更小的纳米级元件。

用金属原子团制成的一个晶体管元件仅有 10nm，在它里面的金原子团，只有 1.4nm。目前市场上销售的计算机芯片最小的晶体管尺寸是45nm，每个元件过程通过的电子数量约为 10 万个，而采用金属原子团制造的晶体管元件，其过程仅通过 1 个电子，因而能够极大地降低能耗，具有广阔的应用前景。

纳米粒子显示器呼之欲出

高清晰度纳米粒子显示器拥有极佳的图像质量，但是其高昂的价格却令人望而却步。不过这种情况很快就会改观，这是因为基于纳米粒子（粒径50nm）的几款新型纳米显示器即将走向成熟。纳米粒子显示器不仅价格低廉，而且屏幕很薄，其图像的清晰度和亮度比现有的 LED 显示器更高。

美国的研究人员正在开发的纳米粒子显示器，采用氧化钆或氧化钇制成栅网屏，这些氧化物中所含的稀土元素在电场作用下会发出亮光，其中如果含铕会发出红光，含铽会发出绿光，含铥会发出蓝光。另一种显示技术则是用纳米粒子制成发光二极管薄模显示器，拟用于军用飞机。在这种情况下，研究人员发现，纳米粒子的长度尺寸则可影响发光的颜色，由镉和碲组成的 2nm 粒子会发出绿光，而其 5nm 的粒子则会发出红光。

为了使纳米粒子显示器实用化，可以用一种尺寸比头发丝的十万分之一还要细小的纳米管来传送电子，以取代传统平板显示器中所用的笨重的电子枪，传统的影像是依懒电子枪发射的电子在显示器里形成图像。密歇根州立大学的科学家在每个像素上装上了大量的纳米管，每个纳米管都可以向该像素发射一个电子。

无论采用哪一种方法，使用纳米粒子发光体都可以达到节能的效果。纳米粒子发光体的能量利用率高达90％，而传统的平板显示器仅为17％。手提 DVD 机如果采用纳米粒子显示器，由于屏幕节能效果很好，它每充电一次就可连续放映两三部电影。

纳米电脑不是梦

据美国迈特公司（Mitre）的纳米技术权威詹姆斯·埃伦博根曾作出的预测语惊四座："在不久的将来，可以通过重新排列磁盘上的分子制造出分子芯片，并且在这个基础上进一步研制出体积只有针头大小的纳米计算机，这种纳米计算机的各个部件比我们现今使用的在磁盘驱动器上装载信息的计算机小得多。因此，在不久的某一天，我们将能够像今天下载软件一样从网络上下载硬件。"

由洛杉矶加利福尼亚大学和惠普实验室组成的研究小组找到了一种自行组装的所谓的逻辑门。惠普实验室研究人员菲利普·库克斯说，"这个研究小组下一步的目标是缩小芯片上的线路。旨在生产出'单边为10nm的芯片'。"他还说："目前的生产成本之所以非常昂贵，是因为生产机械需要有极高的精确度。但是采用化学方法制造，我们可以生产出长卷，然后只需切成小块就行了。"

　　迈特公司埃伦博根领导的研究人员在2001年8月中旬取得的成果是设计出一种用于组装纳米制造系统的微型机器人。其长度约为5毫米，如果能利用纳米制造技术使这种机器人的体积不断缩小，它最终的体积可能不会超过灰尘的微粒体积。

　　体积如此微小的机器人可以用于操纵单个原子，并启发人们作出如下的种种假设：成群的肉眼看不见的微型机器人在地毯上或书架上爬行，把灰尘分解成原子，使原子复原成餐巾、肥皂或纳米计算机等的东西。

纳米电脑不再是梦

　　按照科学家们目前掌握的技术来看，虽然用原子制造计算机仍然是一个相当遥远的梦想，但是埃伦博根认为很快就能取得一定的进展，在几年内会获得重大突破。那么，埃伦博根是否所言不虚，人们拭目以待。

神奇——纳米隐身涂料

纳米材料这一概念形成以后，世界各国都给予了极大关注。它所具有的独特的物理和化学性质，使人们意识到它的发展可能给物理、化学、材料、生物、医药等学科的研究带来新的机遇。

近年来，纳米技术在化工领域得到了一定的应用，其中包括在涂料工业中的应用。据统计，在发达的工业国家，涂料的产值约占化学工业年产值的10%。这不仅是因为涂料工业投资小、见效快、经济效益高，更重要的是涂料在发展现代工业方面起着非常重要的辅助作用。借助于传统的涂层技术，添加纳米材料，可获得纳米复合体系涂层，实现功能的飞跃。因此，纳米材料的开发为涂料工业的发展，为提高涂料性能并赋予其特殊功能开辟了一条新途径。

1. 纳米二氧化硅在涂料中的应用。纳米 SiO_2 是无定型白色粉末（指其团聚体），表面存在不饱和的残键及不同键合状态的羟基，其分子状态呈三维链状结构。一般来讲，纳米粒子表面相互聚集的氢键之间的作用力不强，易以剪切力使其分开。然而，这些氢键会在外部剪切力消除后迅速复原，使其结构迅速重组。这种依赖时间与外力作用且容易回复原状的剪切力弱化反应，称为"触变性"。触变性是纳米二氧化硅改善传统涂料各项性能的主要因素。在建筑内外墙涂料中，添加纳米二氧化硅，可以明显改善涂料的开罐效果，涂料不分层，具有触变性，防流挂，施工性能良好，尤其是抗沾污性大大提高，具有优良的自清洁能力和附着力，有报道称耐擦洗性达10000次以上。在车辆和船舶涂料中，添加纳米二氧化硅是提高涂层光洁度和抗老化性能的关键环节，涂层干燥时，纳米二氧化硅能很快形成网络结构，使其耐老化性能、光洁度及强度成倍提高。纳米微粒具有大颗粒所不具备的特殊光学性能，而且普遍存在"蓝移"现象。经分光光度仪测试表明，纳米二氧化硅具有极强的紫外吸收、红外反射特性，对波长在400nm以内的紫外光吸收率达70%以上，对波长400nm以内的红外光反射率也达70%以上。它添加在涂料中，能对涂料形成屏蔽作用，达到抗紫外辐射和热老化的目的，同时增加涂料的隔热性。中国科学家徐国财等人通过纳米微粒填充法，将纳米二氧化硅掺杂到紫外光固化涂料中。实验表明，纳米二氧化硅减弱了紫外光固化涂料吸收UV辐照的强度，从而降低了光固化涂料的固化速度，但可明显提高紫外光固化涂料的硬度和附着力。

2. 纳米二氧化钛在涂料中的应用。纳米二氧化钛是20世纪80年代末发展起来的主要纳米材料之一。纳米二氧化钛的光学效应随粒径而变，尤其是纳米金红石型二氧化钛具有随角度变色效应，在汽车面漆中，是最重要和最具有发展前途的效应颜料。将纳米二氧化钛添加在轿车用金属闪光面漆中，能使涂层产生丰富而神秘的色彩效果。纳米二氧化钛除提高轿车漆装饰效果外，由于其具有吸收紫外线的效应，可明显提高轿车车漆的耐候性。在建筑外墙涂料中，添加适量纳米二氧化钛，也可以将乳胶漆的耐候性提高到一个新的等级。随着现代工业的迅猛发展，环境污染问题日益严重，特别是氮化物及硫化物对大气的污染，已成为亟待解决的环保问

纳米二氧化钛

题。近年来，许多研究表明，光催化技术在环境污染物治理方面有着良好的应用前景。中国科学家邱星林教授等人用纳米二氧化钛配制成光催化净化大气环保涂料，结果表明，利用纳米二氧化钛光催化氧化技术制成的环境净化涂料对空气中 NOx 净化效果良好，在太阳光下，降解率高达97%。同时还可降解大气中的其他污染物，如卤代烃、硫化物、醛类、多环芳烃等。

3. 纳米碳酸钙在涂料中的应用。碳酸钙作为一种优良的填充剂和白色颜料，具有价格便宜、资源丰富、色泽好、品位高的特点，广泛应用于纸张、塑料填料和涂布颜料。而纳米碳酸钙自问世以来，由于其具有的优良特性，赋予了产品某些特殊性能，如补强性、透明性、触变性和流平性等。因此成为了一种新型高档功能性填充材料，在橡胶、塑料、油墨、涂料、造纸等诸多工业领域中具有广阔的应用前景。在涂料中的应用研究表明，纳米碳酸钙填充涂料的柔韧性、硬度、流平性及光泽与原来相比均有较大幅度提高。利用纳米碳酸钙的"蓝移"现象，将其添加到胶乳中，也能对涂料形成屏蔽作用，达到抗紫外辐射和防热老化的目的，增加了涂料的隔热性。

纳米碳酸钙在水中溶解

4. 纳米氧化锌在涂料中的应用。纳米氧化锌是一种面向 21 世纪的新型高功能精细无机产品，其粒径介于 1 ～ 100nm，又称为超微细氧化锌。纳米氧化锌在磁、光、电、敏感等方面具有一般氧化锌产品无法比拟的特殊性能，其中在涂料方面的应用主要有：

（1）在化妆品中作为新型防晒剂和抗菌剂。因为它们无毒、无味、对皮肤无刺激性，不分解、不变质、热稳定性好，且纳米氧化锌本身为白色，可以简单地加以着色，价格便宜，吸收紫外线能力强，对 UVA（长波 320 ~ 400nm）和 UVB（中波 280 ~ 320nm）均有屏蔽作用，因而得到广泛使用。西北大学曾进行过纳米氧化锌的定量杀菌试验，对金黄色葡萄球菌和大肠杆菌的杀灭率为在 98% 以上。所以在化妆品中添加纳米氧化锌既能屏蔽紫外线，又能抗菌除臭。

（2）用于电话机、微机等的防菌涂层。将一定量的超细氧化锌制成涂层并涂于电话机、微机上，有很好的抗菌性能。

（3）吸波涂层。吸波材料的研究在国防上具有重大的意义，这种"隐身材料"的发展和应用是提高武器系统生存和突防能力的有效途径，纳米微粉是一种非常有发展前途的新型军用雷达波吸收剂。纳米氧化锌等金属氧化物由于质量轻、厚度薄、颜色浅、吸波能力强等优点而成为吸波涂层研究的热点之一。

131

（4）纳米氧化锌的导电性可赋予涂层以抗静电性。

将纳米粉末作为导电填料添加到聚酰胺、丙烯酸等基体树脂中，选择适当的分散方法，可制得纳米复合透明抗静电涂料。在纳米复合抗静电涂料中，当纳米粉的添加量达到某一临界值时，涂层的导电性能才明显改善。研究表明，纳米粉在涂料中的临界体积浓度（CPVC）约为 23%，当 PVC 达到 23% 后，涂层的导电性能较好。但进一步增大纳米粉的用量，对于涂层的导电性能的改善并没有很大的帮助，相反，会影响涂层的色泽、透明度以及力学性能等。另外，基体树脂的种类、溶剂的用量以及制备工艺等都对涂料的性能有明显的影响。

5. 技术关键及发展展望。由于纳米材料的表面活性相当高，如何将其分散到涂料基体中，是纳米材料在涂料中应用的主要技术难题。纳米材料的表面处理、添加方式、分散设备的选择等，这些因素将直接影响到纳米材料在涂料中的分散状态。目前主要有以下几种分散方式。

（1）化学预分散——无机纳米粉体表面改质

通过对纳米 SiO_x 进行表面分子设计，使其具有表面疏水性或两亲性。

（2）物理分散

在涂料的制备过程中，涂料的颗粒大小是按规定要求进行控制的，但因为粒子间的范德华力的作用，涂料的细微粒子会相互聚集起来，成为聚集体。因此，需将它们重新分散开来，这便需要很强的剪切力或撞击力，涂料中粉体（含纳米材料）的分散主要是靠剪切力的作用。纳米材料在涂料体系中分散，最好是将其与颜料或其它粉体填料预先混合，然后采用下述分散方法中的任意两种以上的方法配合使用，以达到良好的分散效果。

①研磨分散：利用三辊机或多辊机的辊与辊速度的不同，将研磨料投入加料辊（后辊）和中辊之间的加料沟，二辊以不同速度内向旋转，部分研磨料进入加料缝并受到强大的剪切作用，通过加料缝，研磨料被分为两部分，一部分附加在加料辊上回到加料沟，另一部分由中辊带到中辊和前辊之间的刮漆缝，在此又一次受到更强大的剪切力作用。经过刮漆缝，研磨料又分成两部分，一部分由前辊带到刮刀处，落入刮漆盘，另一部分再回到加料沟，如此经几次循环，可达到均匀分散的目的。用三辊机或多辊机时，溶剂应为低挥发性的。纳米复合粉体和其它粉体在浸润状态下进行研磨，以提高分散性，降低环境污染，提高材料的利用率。

②球磨分散：通过球磨机中磨球之间及磨球与缸体间相互滚撞作用，使接触钢球的粉体粒子被撞碎或磨碎，同时使混合物在球的空隙内受到高度湍动混合作用而被均匀地分散并相互包覆。利用球磨机分散纳米材料既可在干法状态下施行也可在湿法状态下进行。

③砂磨分散：砂磨是球磨的外延。只不过研磨介质是用微细的珠或砂。砂磨机可连续进料，纳米粉体的预混合浆通过圆筒时，在筒中受到激烈搅拌的砂粒所给予的猛烈的撞击和剪切作用，使得纳米 SiO_x 改质材料能很好地分散在涂料中，分散后的浆离开砂粒研磨区通过出口筛，溢流排出，出口筛可挡住砂粒，并使其回到筒中。

④高速搅拌：对于高速搅拌，要求转速达到每分 1500 转以上（指配合其它分散方式），利用搅拌机强大的剪切力把材料均匀分散在涂料中。

如单纯采用高速搅拌分散，建议采用转速每分 5000 转以上的搅拌机在以水为介质的状态下进行，但不可把纳米 $SiOx$ 粉体与乳胶混合分散，以免破乳。

综上所述，纳米材料在涂料中的应用具有广阔的前景，目前的研究尚处于起步阶段，大部分研究在我国还停留在实验室阶段，还有很多技术的关键问题需要解决。国内外的发展趋势是加快研究开发环境适应型涂料，充分发挥纳米材料的耐候性、装饰性、抗污染性、抗菌性、抗电磁波干扰及其他特殊功能。同时，纳米材料在涂料中的应用不同于一般材料在涂料中的应用情况，因此，它属于一项高新技术，需要纳米材料的研发人员、涂料工作者等的共同努力进行研制，使纳米涂料尽快投入实际应用。

133

揭秘最小收音机

纳米技术堪称"下一代科技领袖"最热门的候选者。最激进的倡导者宣称，纳米技术其实就是一套分子制造系统，可以通过机械方法让一个一个分子彼此相连，自动构架出各种各样的结构，最终制造出各种结构复杂的成品。

然而，事实却并非如此。"纳米"这个术语已经被滥用，几乎任何物件都在用"纳米"这个名字为自己脸上贴金，甚至连机油、唇膏、滑雪蜡之类的商品都号称含有"纳米粒子"。即使如此，谁又能料想得到，第一批真正可以发挥作用、能够对宏观世界产生明显影响的纳米器件当中，居然会有收音机呢？

2007 年，美国加利福尼亚大学伯克利分校的物理学家亚历克斯·策特尔及其同事发明了一种纳米管收音机，拥有一身令人称奇的好功夫：单单一根碳纳米管就可以接收广播信号，同时放大并转换成音频信号，发送到外接扩音器上，让人耳能够轻松识别。不信？好吧，只要登录网站就能亲耳听听它播放的歌曲《Layla》。纳米收音机的发明者指出，这种收音机或许能催生一系列全新的应用，比如可以完全放进耳道的助听器、手机和 MP3 等等。策特尔宣称，纳米收音机将"轻松嵌入一个活细胞。到时候，制造一个与大脑或肌肉连接口的装置，或者用无线电控制在血管中游动的器件将不再是梦想"。

来自纳米管的魅力

美国加利福尼亚大学物理系教授策特尔率领 30 多名研究人员，致力于分子尺度器件的研究工作。纳米管具有的不同寻常的结构，成了他们的研究重点。尽管谁先发现纳米管仍具争议，但纳米管能在科学界大出风头，应归功于日本物理学家饭岛澄男。1991 年，饭岛教授宣布，他在发出电弧（即放电所形成的明亮弧状闪光）的石墨电极顶端发现了一些"针状碳管"。

这些纳米管的特性令人称奇。它们大小相差悬殊，形状多种多样，包括单壁管、双壁管和多壁管等。其中有的直，有的弯，有的甚至首尾相接成环，就像一个面包圈。但所有纳米管都具有一个共性，那就是拥有相当高的抗拉强度，材料被拉断前能承受的最大应力超过 600MPa。

策特尔指出，纳米管之所以具有这种非凡特性，是因为"一种自然界中最牢固的化学键将碳纳米管内的碳原子结合在一起"。单壁纳米管还具有优异的导电性能，不但大大超过铜、银等金属，甚至还超过了超导体。"这是因为电子在纳米管中移动时不会撞上任何东西，"他解释说，"纳米管的结构简直是太完美了。"

策特尔决定要打造一种能够通过无线方式彼此联系，并能无线发送探测结果的微型传感器，纳米收音机的创意由此产生。他说："这类器件将监测环境状况。"把这些传感器件安置在一座工厂或炼油厂周围，它们便会把探测结果发回到某个收集站。任何人只要登录谷歌，"点击某城市名称，就能查看当地的实时空气质量了"。策特尔希望发明一种纳米管质量传感器，在以此为目标的实验中，他的研究生肯尼思·詹森发现，如果将碳纳米管一端固定于某一表面，形成一根悬臂梁，当一个分子落在悬臂梁的自由端时，悬臂梁就会振动。分子质量不同，振动频率也就不同。策特尔注意到，这些振动频率覆盖了某些商业无线电频段，于是把这种悬臂式纳米管做成收音机的构想就变得再诱人不过了。策特尔知道，一台收音机至少有五个基本部件：天线，用来接收电磁波信号；调谐器，从所有正在广播的频道中选择想要收听的频道；放大器，用于增强信号；解调器，将信号中的有效信息从携带信息的载波中分离出来；有效信息被传送到扬声器上，由扬声器将这部分信号转换成可以听得到的声音。

碳纳米管注定会成为这种收音机的核心器件，它集优秀的化学特性、几何特性及电气特性于一身。只要把这个微型装置放在一组电极之间，便能同时具备上述五种功能，而无需其他部件。

策特尔和詹森首先制定了一个总体设计方案。此方案要求在电极末端做出一根多壁碳纳米管，就好像是插在山顶上的旗杆。之所以选用多壁管，是因为它比其他碳纳米管略大，而且更易安置在电极表面，不过后来他们也曾用单壁碳纳米管制作出一台纳米收音机。这种多壁管长约500纳米，直径10纳米，大小与形状都同某些病毒差不多。它可以通过纳米操控技术安置在电极上，或者通过所谓化学气相沉积法，从电离气体中沉积出一层又一层的碳原子直接在电极上生长出来。电极头是圆圆的，就像个蘑菇，不远处有一个反电极。在这两个电极间施加一个很小的直流电压，便会产生一股从纳米管端头流向反电极的电子流。这个发明的想法就是，无线电广播中的电磁波会撞击纳米管，使纳米管随着电磁信号的振动而发生机械振动。既然纳米管能与入射的无线电波共振，它就能起到天线的作用，当然这种天线的工作原理与传统的收音机天线完全不同。

解剖最小收音机

只用一根纳米管，便可实现部件众多的普通收音机的所有功能。由于纳米管极其微小，因而它一遇到无线电信号便会快速振动。把这根纳米天线与外围电路接通，我们便可以操纵它完成选台、放大，将音频成分从无线电波的其他成分分离开来（解调），最终使我们能听到广播节目。

普通收音机的天线通过电磁效应接收信号，也就是说，电磁波在天线内产生感应电流，但天线本身始终静止不动。而在纳米收音机中，纳米管是一个极其纤细、轻巧的带电物体，入射的电磁波足以推动它机械地来回运动。"纳米世界神奇无比，与宏观世界大不一样，"策特尔指出，"纳米器件体积极小，以致重力和惯性效应影响甚微，反倒是残余电场对这些小玩意儿起主要作用"。纳米管的振动会改变从纳米管端头流向反电极的电流——用专业术语说就叫做场致发射电流。场致发射是一种量子力学现象，也就是一个较小的外加电压可以引发一个物体（如针尖）的表面发射出一股较大的电子流。基于场致发射的工作原理，人们不仅期望纳米管能充当天线，还希望它能完成信号放大任务。入射到纳米管的微量电磁波将使纳米管振动着的自由端释放出一股较大的电子流。这股电子流将放大入射信号。

下一步就是解调，也就是把声音或音乐等有用信息从无线电台发射的载波中提取出来。在调幅（AM）无线电广播中，这种分离是靠整流滤波电路来实现的，这种电路只对载波信号的振幅有反应，对频率则完全无视。策特尔的团队推想，纳米管收音机也可以实现这一功能：当纳米管随着载波频率发生机械振动时，它同样也会响应载波中编码的信息成分。说来也巧，整流正好就是量子力学场致发射与生俱来的一项特质。这就意味着，从纳米管流出来的电流仅随信号中的编码成分（即被调制的信息成分）而变，载波则被拒之于门外了。这一功能的实现不需要任何额外电路。

简单地说，电磁信号到来时会引起纳米管的振动，纳米管在这一过程中起着天线的作用。纳米管振动端将信号放大，同时依靠内建整流装置的场致发射特性使载波与信息成分分离。然后反电极将探测到场致发射电流的变化，并把歌曲或新闻等广播内容传送到扬声器，由扬声器把信号转变为声波。

世界最小汽车——纳米汽车

一根头发可容纳两万辆纳米车行驶

人类可以用小的机器制作更小的机器，最后将逐个地排列原子，制造产品。这是著名物理学家诺贝尔获得者理查德·费因曼1959年对纳米技术的最早梦想。从此，人类就开始了对纳米世界的探求。美国赖斯大学的科学家近期利用纳米技术制造出了世界上最小的汽车。和真正的汽车一样，这种纳米车拥有能够转动的轮子。只是它们的体积如此之小，甚至即使有两万辆纳米车并列行驶在一根头发上也不会发生交通拥堵。

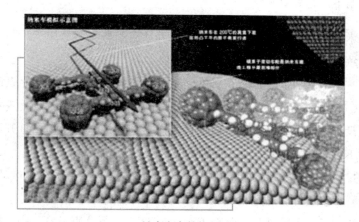

纳米汽车的构架

车身虽小，部件齐全

整辆纳米车对角线的长度仅为3~4纳米，比单股的DNA稍宽，而一根头发的直径大约是8万纳米。

不过纳米车虽小，也拥有底盘、车轴等基本部件。其轮子是用60个碳原子组成足球状的单一分子。这使得纳米车在外观上，看起来像哑铃。它利用一种三合体作轴，连接每个轮子的轴都能独立转动，使得这种车能够在凹凸不平的原子表面行进。

据专家介绍，以前也曾有人制造出过纳米级的超微型"汽车"。但新问世的这辆"汽车"却与其前辈们有着很大不同：这辆纳米车是世界上首个利用滚动式前进的纳米结构物质，此前的所谓纳米车只是通过滑动来前进。这项技术是在赖斯大学詹姆斯·托尔教授的领导下，经过8年的时间研发而成。托尔说："就是它了，你不能再建造更小的原子运输工具了。"他的同事凯文·凯利说："建造一个可以在平面上滑动的纳米工具已经不是什么难题了。但是纳米物体旋转滚动，而不是滑行或者滑动，才是这个工程中最困难的一部分。因此，这项突破是近年来在微型领域中最重要的一项成果。"

高温下车轮滚动前行

纳米车95%的重量都是碳原子，此外还有一些氢和氧原子。整个制造过程大致与分子合成药物的步骤相似。

在常温下，纳米车的轮子会和金片表面紧密结合，当把金片表面加热到200℃的高温后，放置在上面的纳米车由于变性就能开始运动。现在还不知道在没有外力作用时它们会向前还是向后运动，但是运动一旦开始，纳米车就不会停顿或改变方向，直到停止加热。

不过研究人员发现，通过施加磁场，他们能够改变纳米车的运动方向。此外，科学家还可以通过精微尖端抓住纳米车，拖动其前进。科学家还为纳米车制造了一台世界上最小的马达，它是由30个碳原子和一些硫磺原子组成，利用光来驱动。但是当纳米车被放置在金质表面时，由于金属分子吸收了大部分光，导致纳米马达无法得到足够的动力。

实际应用尚需时日

1克的纳米车就可以装载约1000毫克的药物分子，因为体积小，所以能在器官和血管中自由通行。它的外形好似布满了规则小孔的"空心球",里边裹挟着药物,当纳米送药车在体外磁场的作用下抵达患处,然后经过调节患处酸碱度或离子强度,纳米车的"外衣"就会脱去,小车上装载的药物就被释放出来。研究人员希望这种特殊的交通工具能够被应用于分子构造领域。改进后的纳米车能够承载一个分子的"货物",在纳米工厂之间运送原子和分子。未来人们能利用大批量这样的微型机器来建造新材料。

但有人质疑分子制造业是不切实际的,它还可能给环境带来无法预测的灾难,如大量纳米机器通过自我复制导致泛滥成灾,破坏环境和人类的生活秩序。但是科学家普遍认为,那样的情形只可能在科幻小说中出现。托尔教授表示,目前他并不打算为纳米车技术申请专利权,因为他认为至少需要一代人的时间才能解决分子制造中的多个技术难题。他说:"等你利用该项技术开发出实用产业时,专利权早就过期了。"

纳米电子技术在军事领域的应用

技术革命在带来产业革命的同时,也必将引起军事领域的重大变革。美国有学者认为纳米科技是国防工业的未来。世界上各主要军事大国,也都投入大量经费,开展研究试验制造纳米武器。作为军事信息技术重要基础的军用微电子技术,如果一旦得到纳米技术的支撑,将促使以微电子技术为代表的当代信息技术向以纳米技术和分子器件为代表的智能信息技术的巨大转变。纳米电子技术对未来军事作战领域的驱动力,将远远超出当前微电子技术对信息战的影响,也必将在世界范围引发一场真正意义的新军事革命,并把电子信息战水平推向更新、更高级的发展阶段。

纳米计算机是信息系统的核心,现代战争系统离也不开计算机。采用纳米技术制造的微型晶体管和存储器芯片将使存储密度、计算速度和运算效率提高数百万倍,大大缩小计算机的体积和重量,而能耗也降低到今天的几十万分之一。一旦这种具有原子精密度的新型计算机取代现有的计算设备用于军事作战，必将实现信息采集和信息处理能力的革命性突破，从而提高 C4I 系统的可靠性、机动性、生存能力和工作效能，所谓 C4I 指指挥、通讯、侦察、控制是决定军队的神精大脑。

微机电系统、"纳米武器"和"纳米军队"在军事领域的新发展历来受到格外关注，然而纳米技术和微机电系统的应用，将使人们用肉眼都难以发现的纳米武器跃上战争舞台。微机电系统可以说是纳米技术的核心技术，也是目前纳米电子技术最尖端的应用。所谓微机电系统，主要是指外形轮廓尺寸在毫米级、构成元件尺寸在微米至纳米级的可控制、可运动的微型机械电子装置。微机电技术并不是通常意义上的简单的系统小型化，因为当每个部件都小到纳米级以后，宏观的参数如体积、重量等都变得微不足道，而与物体表面相关的因素如表面张力和摩擦力就显得至关重要了。新的物理特性使纳米器件非常坚固耐用，可靠性很高。日本是利用纳米技术发展微型机电系统的最大投资国，制定了 10 年发展规划；美国自 1994 年，就将微机电技术列入《国防部国防技术计划》的关键技术项目中。近 10 多年来，微机电技术获得了实质性突破。科学家们成功地制出了纳米齿轮、纳米弹簧、纳米喷嘴、纳米轴承等微型构件，并在此基础上制成了纳米发动机。这种微型发动机的直径只有 200 μm，一滴油就可以灌满四五十个这种发动机。与此同时，微型传感器、微型执行器等也相继研制成功。这些基础单元再加上电路、接口，就可以组成完整的微机电系统了。纳米技术的发展正在使微机电系统走向现实，而以纳米武器为基础的神奇"精灵"，不仅将改变我们的生活现状，更将主宰未来战争的舞台。

由于纳米器件比半导体器件的工作速率快得多，制造出的智能化微机电导航系统，可以使制导、导航、推进、姿态控制、能源和控制等方面发生质的变化，从而使微型导弹更趋小型化、远程化、精确化。这种只有蚊子大小的微型导弹直接受电波遥控，可以悄然潜入目标内部，其威力足以炸毁敌方火炮、坦克、飞机、指挥部和弹药库，起到神奇的战斗效能。目前，美国、日本、德国正在研制一种细如发丝的传感致动器，目的是为成

微机电系统的内部

功研制微型导弹开拓广阔的技术发展空间。

纳米微型军这是一类能像士兵那样执行各种军事任务的超微型智能武器装备，目前正在研制的主要是执行侦察监视任务、破坏敌方电脑网络与信息系统、摧毁武器火控和制导系统的"间谍草"、"机器虫"、袖珍遥控飞行器、"蚂蚁雄兵"微型攻击机器人。例如"蚂蚁雄兵"是一种通过声波或其他方式控制的微型机器人，比蚂蚁还要小，但具有惊人的破坏力。它们可以通过各种途径钻进敌方的武器装备中，长期潜伏下来，一旦启用便各显神通，有的专门破坏敌方电子设备，使其短路、毁坏；有的充当爆破手，用特种炸药引爆目标；有的施放各种化学制剂，使敌方金属变脆、油料凝结或使敌方人员神经麻痹、失去战斗力。若"蚂蚁雄兵"与微型地雷配合使用，还能实施战略打击。据美国国防部专家透露，美国研制的"微型军"有望在未来10年内实现大规模部署。

军事纳米机器人是纳米科技最具诱惑力的重要内容。军事纳米机器人将由纳米计算机控制，这种可以进行人机对话的装置一旦研制成功，可在一秒内完成数10亿次操作。这种机器人可用于弥补部队人力的不足、降低常规部队在使用生化武器和核战争中的风险、增加机动能力、提高部队的自动化程度。这将大大改变人们对战争力量对比的观点，使未来战场的模式与格局产生根本性变革。

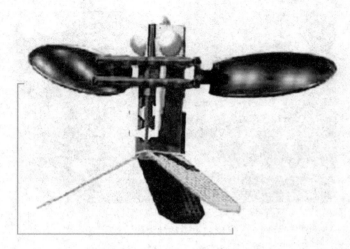

军事纳米机器人

由于纳米信息系统具有超微型化、高智能化等特点，目前车载、机载的电子作战系统甚至武器系统都可浓缩至单兵携带，其隐蔽性更好、攻击性更强，同时系统获取信息的速度加快，侦察监视的精度提高，而系统的重量却大大减轻。应用纳米技术的单兵系统能明显提高士兵的态势感知能力、通信能力和杀伤力。预计到 2025 年，一个单兵的杀伤力可能相当于今天的一辆坦克。美国陆军的"陆地勇士"通过数字通信把图像和数据直接提供给在前线作战的单个士兵，把他们纳入数字化战场，分享数字化战场提供的优势。"陆地勇士"系统由 5 个分系统组成：综合头戴分系统、武器分系统、士兵计算机/电台分系统、防护分系统和单兵装备分系统。通过士兵计算机/电台系统，士兵能以实时或近实时的方式接收指挥官的命令，能从 GPS 接收机或其他信息源接收目标数据、位置数据和战场态势等信息，也可以把自己收集到的情报传回指挥部。头盔中将配备微光放大器、显示器、空气调节器等设备。电池一直是便携设备的瓶颈，而应用纳米技术制造的嵌入式燃料电池已经取得初步成果，这将使单兵系统能够连续工作更长时间。除美国之外，英国陆军有未来步兵技术计划，荷兰正在研制士兵数字助理，澳大利亚、加拿大、俄罗斯和以色列等都有类似的计划，并已于 2005 ~ 2010 年装备部队。另外，借助于纳米技术，士兵的防护服也将具备前所未有的功能。2002年3月，美国五角大楼正式宣布将"未来战袍"研制项目授予麻省理工大学，并为这个项目拨出了至少5000万美元的专门研究经费。这个"神奇的战袍"用特殊的纳米材料制成，除具有隐形、防导弹打击、自动治疗等功能之外，还具备感知可能来临的危险的能力，无论是炭疽袭击，还是子弹飞来，战袍都能够相应地做出反应。如果空气中二氧化氮的指标突然升高，战袍会突然将头盔中的透气口关闭；如果远处有人向士兵开枪，战袍也将启动防弹功能，因为子弹在发射时会冒出火花，而这个光线能够被战袍感知，这些都是纳米传感技术和纳米电子技术广泛运用的结果。据悉，"未来战袍"已开始进行试验。

各个国家纷纷投入巨资抢占纳米技术战略高地。2000年1月美国前总统克林顿在加利福尼亚理工学院演说中宣布启动"国家纳米技术倡议"，把纳米技术置于国家最优先发展的地位。美国政府以5亿美元的预算支持纳米技术研究与开发，将纳米计划视为下一次工业革命的核心。目前，美国已在纳米结构组装体系、高比表面纳米颗粒制备与合成以及纳米生物学方面处于领先地位，但是在纳米器件、纳米仪器、超精度工程、陶瓷和其他结构材料方面略逊于欧盟。德国19家研究机构建起了纳米技术研究网，在纳米材料、纳米测量技术、超薄膜的研发领域具有很强的优势。日本除继续推动早已开始的纳米科技计划外，每年都将投资2亿美元推动新的国家计划和新的研究中心的建设，目前已在纳米器件和复合纳米结构方面占有优势，在分子电子学技术领域也有很强的实力，紧随德国之后。法国已投资1.25亿欧元建立一个占地8公顷、建筑面积为6万平米、拥有3500人的微米/纳米技术发明中心，配备最先进的仪器设备和超净室，成立一个微米纳米技术发明中心，目前该中心已进入实际运行阶段并取得初步研究成果。英国现已有上千家公司、30多所大学、7个研究中心进行纳米技术研究。另外，瑞典、澳大利亚、韩国、新加坡等国家也都在大力研究开发纳米技术。

我国纳米技术的研究与世界先进水平同步，个别方面甚至走在世界前沿。为迎接纳米技术挑战，我国已在国家层面上制定纳米科技发展战略和规划，中国科学院、北京大学成立了各自的纳米科技研究中心。我国的研究力量主要集中在纳米材料的合成和制备、扫描探针显微学、分子电子学以及极少数纳米技术的应用等方面，并在纳米碳管、纳米材料等若干领域已取得出色的研究成果。我国现有 100 家纳米技术企业，十几条纳米生产线，国家纳米技术产业化基地也已在天津成立。

21 世纪是生命科技和信息科技调整发展和广泛应用的时代，而纳米科学和技术将促进包括生命科技、信息科技在内的几乎所有技术的飞速发展。纳米科技日新月异的发展对我们提出了严峻的挑战，在一些发达国家，军方对纳米技术的投入和研究已经超过了其他领域。相对于其他学科，我国对纳米技术的研究起步并不晚，迄今为止也投入了相当多的人力与资源开展研究，但是对纳米技术尤其是纳米电子技术在军事上的应用研究还十分薄弱。目前，在世界范围内纳米技术还不成熟，至少需要 10 年左右的时间才可能大规模运用于军事作战，这为我们研究纳米技术和发展军事应用提供了一个空间。未来战争仍将以电子信息战为主的战争，而纳米电子技术无疑是电子信息战的制高点。我国将吸取由于微电子产业的落后而导致武器装备落后的教训，把纳米电子技术在军事领域的应用研究放在较高的战略位置，把握契机，发挥特长，争取掌握高超的制敌之术，弥补现有武器装备力量的不足，实现我国国防事业的跨越式发展。

隐身衣——纳米军服

看过《哈里·波特》的人，可能还在对电影里哈里·波特的那件隐形披风念念不忘。可是，你是否想到征战沙场的将士也将会身着隐形军服呢？这可不是幻想，而是纳米技术带给我们的实实在在的改变！

"变色龙"般的隐形效果在以往的战争中，士兵往往会穿着与环境色调相一致的迷彩服，以达到降低敌方目视侦察的效果。但是随着红外探测、光电探测等先进侦察技术的问世，迷彩服的隐形功效已经大为降低，士兵们迫切需要新型的隐形服。为此，麻省理工大学士兵纳米技术研究所就研究了一种新型纳米士兵服。它的质量很小，不会成为士兵的负担。由于在这种服装中植入了独特的电路系统，并在特种的纤维中掺杂了大量的纳米发光粒子，因而它能够在不同的自然背景下，根据环境温度的变化，向外发出红外辐射，及时调整军服颜色，使其红外特征与周围颜色浑然一体，大大提高了隐形效果。同时，这种军服上还有各种图案，这些图案是计算机对大量沙漠、丛林、岩石和建筑等背景环境图案进行分析后模拟出来的，其背景亮度、色调等能够与环境几乎完全一致，有"变色龙"之效。

想象中的纳米军服

　　具有隐身功能的智能军服无疑是部队在现代战争中保存战斗力的理想装备。穿上这种隐身衣，让敌方在可见光条件下目视难以发现。另外，随着微光夜视仪"红外夜视仪"等夜视器材的大量应用，防红外追踪的隐身衣的研制成为军服开发的新视点。于是，随环境改变而自动变化的隐身衣又应运而生。设想这种集防可见光和"红外"微光夜视侦察于一身的新型智能隐身衣一旦装备部队，各种现代化的侦察器材必将遇到真正黑夜。

让子弹"拐弯"的防护服

　　士兵在战场上，遭受的最大伤害无疑是来自各种武器，特别是各种导弹和生化武器。为了保护士兵的生命安全，科学家研究了各种防护服，但是这些防护服总是存在着这样或者那样的缺陷，防护效果一般。如今，纳米科学家正在研发一种集多种防护功能于一身的"铁衫"，并取得了巨大的进展。这种防护服以高分子纤维为面料，在其中安装微型计算机和高灵敏度的传感器，使士兵能及时得到警报，轻松避开飞来的子弹。同时，科学家通过运用纳米技术，改变面料纤维的原子和分子排列，从而使这种防护服具有化学防护特性，既能够使清新空气通过的同时，又能将生化武器拒之门外，从而保障士兵的生命安全。

研究纳米金属的军事应用

纳米技术在推进生命科学和计算机研究方面具有很大潜力，但在军事上，美国国防部开始对其在武器装备上的应用进行研究。纳米金属可以通过在高于沸点的温度下对金属丝进行加热，然后在一定压力下对液体进行冷却以形成小于 100 纳米的球形微粒而获得。美国洛斯阿拉莫斯国家实验室正在开发纳米级铝热剂材料，取代用于远距离引爆同步火工品的电点火头的有毒铅化合物。用该材料制造的纳米级装置与传统电点火头相比，对电流不敏感，因此不易发生意外引爆现象。研究人员还对用纳米级材料替代在中小口径武器中对发射药进行点火的铅基雷管进行研究。这种铅基雷管有毒并具有危险性。科学家研究可以替代有毒铅物质的亚稳态分子间化合物（MIC），这种化合物具有确定的微粒尺寸，能获得最佳点火时间。

用包含纳米金属材料制成的火力强大的紧凑型炸弹，这是一种新型武器。由美国政府提供资金支持，Sandia 国家实验室、洛斯阿拉莫斯国家实验室和劳伦斯·利弗莫尔国家实验室正在研究利用分子间能量流的途径，这是一种被称为纳米能量学的研究领域，通过这种研究可以制造出更具杀伤力的武器，如"孔穴炸弹"，这种炸弹的爆炸力是常规炸弹如"雏菊"或"炸弹之母"爆炸力的好几倍。

纳米金属在军事上有着重要的作用

　　研究人员可以通过加入"超级铝热剂"使武器威力大大提高。这种材料是纳米金属如纳米铝与金属氧化物如氧化铁的混合物，该材料的化学反应很快，可上千次地增加化学反应的次数，从而产生非常快的反应波，将巨大的能量迅速释放出来。

　　美国洛斯阿拉莫斯国家实验室爆炸科学和技术组项目主任 Steven Son 三年多来一直致力于纳米能量学研究，他认为，科学家能够设计出具有不同尺寸的微粒从而获得具有不同的能量释放速度的纳米铝火药，可用于水下爆炸设备、雷管和火箭燃料推进剂等。

　　纳米金属公司首席科学家 Douglas Carpenter 指出，标准铝原子只覆盖了铝材料表面积的千分之一，而纳米铝则覆盖了 50%。纳米铝表面具有更多的原子，因此具有更大的化学反应性。Carpenter 认为，美国军方已经用纳米铝开发出了"孔穴"炸弹。

　　纳米铝材料还可使导弹和鱼雷在目标采取躲避措施前就以极快的速度打击目标，并能使发射药的燃烧率达到现有发射药的十倍，使子弹的打击速度更快。

美国陆军环境中心 1997 年就启动了一个项目来开发有毒铅的替代物，含有这种铅的子弹每年在军事冲突和军事训练中的用量非常大。目前利用纳米铝的子弹正准备进行靶场测试，但 Carpenter 认为，政府在这项技术的应用上还是速度很慢。

纳米金属能以较少的原材料提供较高的能量，可使武器的总成本降低。纳米金属的微粒尺寸可以小至 8 纳米，可用来制造爆炸性材料，包括制造烟火和用于采矿的炸药等。

简氏信息集团武器分析专家 Andy Oppenheimer 日前指出，纳米技术将"完全改变武器的面貌"，包括美国、德国和俄罗斯在内的一些国家正在研究用纳米技术开发微型核装置，以制造尺寸更小的核武器。Oppenheimer说，这种装置可以放在公文包内，其能量足以毁坏一栋建筑物。虽然这种装置要用核材料，但因为其尺寸小，"就可以模糊常规核武器的界限"。

这种微型核武器仍然处在研究阶段。由于这种武器有落入恐怖分子手中的可能性，而且任何形式的核扩散都是"政治上有争议的"，因此一些国家会秘密资助这些研究。这种尺寸更小的核炸弹的研制将给大规模杀伤性武器的限制工作带来新的挑战。Oppenheimer 指出，这种炸弹将使其控制范围内的一切化为乌有，将非常危险。

"战场精灵"——纳米武器

"麻雀"卫星

美国于 1995 年提出了纳米卫星的概念。这种卫星比麻雀略大，重量不足 10 千克，各种部件全部用纳米材料制造，采用最先进的微机电一体化集成技术整合，具有可重组性和再生性，成本低，质量好，可靠性强。一枚小型火箭一次就可以发射数百颗纳米卫星。若在太阳同步轨道上等间隔地布置 648 颗功能不同的纳米卫星，就可以保证在任何时刻对地球上任何一点进行连续监视，即使少数卫星失灵，整个卫星网络的工作也不会受影响。

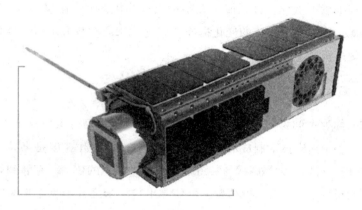

纳米卫星

"蚊子"导弹

由于纳米器件比半导体器件的工作速率快得多，可以大大提高武器控制系统的信息传输、存储和处理能力，可以制造出全新的智能化微型导航系统，使制导武器的隐蔽性、机动性和生存能力发生质的变化。利用纳米技术制造的外形如蚊子的微型导弹，可以起到神奇的战斗效能。纳米导弹直接受电波遥控，可以神不知鬼不觉地潜入敌人内部，其威力足以炸毁敌方火炮、坦克、飞机、指挥部和弹药库。

"苍蝇"飞机

这是一种如同苍蝇般大小的袖珍飞行器，可携带各种探测设备，具有信息处理、导航和通信能力。其主要功能是秘密部署到敌方信息系统和武器系统的内部，监视敌方情况。这些纳米飞机可以悬停、飞行，敌方雷达根本发现不了它们。据说它还适应全天候作战，可以从数百千米外将其获得的信息传回己方导弹发射基地，直接引导导弹攻击目标。

潜艇披上"聪明表皮"

用纳米材料制造潜艇的蒙皮，使其可以灵敏地"感觉"水流、水温、水压等极细微的变化，并及时反馈给中央计算机，最大限度地降低噪声、节约能源，还能根据水波的变化提前"察觉"来袭的敌方鱼雷，使潜艇及时做出规避机动。

"沙砾""小草"洞察秘密

被人称为"间谍草"或"沙砾坐探"的形形色色的微型战场传感器，它们应用了由纳米技术制成的量子计算机元件，其工作速度是半导体元件的 1000 倍，可以大大提高武器装备控制系统中信息的传输、存储和处理能力，使武器装备更灵活、更精确。可侦测出数百米之外坦克、车辆等移动时产生的震动和声音，能自动定位、定向和进行移动，绕过各种障碍物。

枪炮纳米铜发射药

这种发明涉及一种枪炮弹药，使用的是纳米铜（或纳米铝）发射药。目的是，在不改变现有枪炮等武器发射机构的前提下，提供一种燃速高、能量大、体积小、质量轻的新型枪炮弹纳米铜（或纳米铝）发射药，以改变目前枪炮弹初速低、射程近、威力不足的现状，并为研制新式武器，扫除弹药困扰障碍，以赢得未来高技术条件下的战争的胜利，确保国家安全。其最具前瞻性的优点是，将来能为突破武器研制的制约瓶颈提供解决方案（因为目前武器研发遇到的最大难题，就是无法解决武器质量与战斗性能之间的关系）。

此外，纳米技术还可用以研制超级隐形涂料、智能灵巧军服和新型发射药等。

上述种种纳米武器组配起来，就建成了一支独具一格的"纳米军队"。据美国五角大楼的武器专家预计，将有第一批由微型武器组成的"纳米军队"诞生并服役，可望大规模部署。

美军的纳米武器

生产纳米武器装备，能耗极小，而且可靠性极高，研制、生产周期都大大缩短。而且纳米武器使用起来也非常方便，用一架无人驾驶飞机就可以将数以万计的微机电系统探测器空投到敌军可能部署的地域领空中，十分容易地掌握敌人动向；或者把不计其数的微型机器人士兵送到敌方境内潜伏下来，随时完成各种作战任务。

与传统武器相比，纳米武器具有完全不同的特点。人们必须对其"刮目相看"，充分认识它对未来战争的影响。因此，纳米武器的出现和使用，将大大改变人们对战争力量对比的看法，使人们重新认识军事领域数量与质量的关系，产生全新的战争理念，使武器装备的研制与生产脱离数量规模的限制，进一步向人工智能的方向发展，从而彻底变革未来战争的面貌。

纳米技术重塑"陆战之王"

纳米技术是指在纳米尺度上设计、加工、调制或组装元件的一项综合性工程技术。其核心是在不改变物质化学成分的前提下，通过控制、设计单个原子或分子的配置来改变物质的特征，达到大幅度提高物理性能的目的。纳米技术虽然还处在实验阶段，但其无与伦比的特性已经展示了在制造坦克方面的良好应用前景。纳米技术将打造出全新的坦克。

让坦克变得更小更巧：科学家运用纳米技术制造出来的材料不但比现有的装甲材料轻得多，硬度和延展性也高得多。日本的一个实验室在研究中发现，在橡胶中加入适量的纳米材料，其抗折性可提高5倍，耐疲劳、耐腐蚀、耐高温及适应战场环境的能力都明显提高。正当设计师为选择"避弹"性能良好的流线外形还是选择"隐形"效果优良的多棱外形举棋不定时，纳米技术帮助他们定下了决心。美国一个实验室正在研制的一种叫"超黑粉"的纳米材料可吸收99%的全频雷达波。这种材料一旦投入使用，在设计坦克时再也不必为追求隐形性能而牺牲坦克的避弹性能，可以放心大胆地根据战场的需要选择避弹性能最好的流线外形，只需将"超黑粉"均匀地涂抹在坦克车体表面就能使坦克"隐形"，让几十吨重的庞然大物在对方雷达的显示屏上消失得无影无踪。

让坦克跑得更快更远：使用纳米材料制造的发动机可以在高温下工作，功率能提高30%以上，节约燃料50%以上。使用这样的材料可以把发动机制造得非常紧凑，重量功率比和体积功率比高出普通的发动机百余倍。美国麻省理工学院开发的单轴涡轮喷气发动机的重量功率比达到了50瓦/克。如果把这样的发动机安装在坦克上，只需占用很小的空间就能为坦克提供强大的动力。这样的坦克能以高档轿车的速度在公路上飞驰。节省下来的空间可以携带更多的燃料和弹药，一次补给可以使坦克战斗很长时间，再也不用因为燃料和弹药的短缺发愁。

让坦克打得更远更准：目前提高坦克火炮威力的主要途径是增大火炮口径和发射药量。这种增加坦克重量的方法与坦克的发展方向背道而驰。纳米技术有望解决这个矛盾。使用纳米材料制造火炮身管，即使不增大口径也能成倍提高火炮的膛压；运用纳米技术加工发射药，可以制成几纳米长的细微颗粒，使发射药的化学反应更迅速、更完全，威力更大。把纳米弹药应用在坦克炮上，可大幅度提高炮弹的初速，增大火炮的威力和射程。纳米技术将使机电系统走向小型化和微型化。制造出来的导航和控制系统尺寸达到毫米甚至是微米级。这些系统能够承受火炮发射炮弹时所产生的近 105g 的重力加速度，而且性能可靠，造价低廉。如果应用于坦克炮弹制导，可使坦克炮的射击精度提高 10 倍以上，保证能在任何条件下准确命中目标。如果与 GPS 标准引信组合使用，这种炮弹还将具有打击低空飞行目标的能力。

让开坦克变得轻松：目前在设计坦克时，为了提高战术技术性能，常常不得不以牺牲乘员的舒适性和安全性为代价。因此，坦克兵不但工作环境恶劣，车体被击中后的伤亡率也一直居高不下。纳米技术将彻底改变这种情况。利用纳米技术制造的微机电操作系统能帮助乘员随心所欲地控制坦克并完成各种复杂的战斗动作，驾驶坦克变得比开高档轿车还容易。纳米微型传感器可以根据需要安装在车内甚至车体外表的任何部位，它能主动探测威胁、识别威胁类型、及时报警，并自动采取相应对策消除威胁。使用碳纳米管制成的面料强度比一般钢铁高 10 多倍。用这种面料制成的乘员战斗服不但柔软合身，而且防弹、防毒、防火。利用纳米技术研制的热力泵体积可缩小 60 倍。用这种泵驱动的空调装置重量只有 1～2 千克，安装到乘员战斗服内，可以让乘员产生四季如春的感觉。乘员穿上这种服装，即使遇有坦克中弹起火等危险情况，也能从容应对。

纳米智能炸弹

几个月前，美国密歇根大学生物纳米技术中心的一群科学家到犹他州的美国陆军达格维试验场去了一趟。他们此行的目的，是展示"纳米炸弹"的威力。事实上，这种炸弹不会"轰"地一声爆炸。它们是一些小液滴，其大小只有针尖的 1/5000，作用是炸毁危害人类的各种微小"敌人"，其中包括含有致命生化武器炭疽的孢子。在测试中，这些纳米炸弹获得了 100%的成功率。在民用方面，这些装置也有着惊人的应用潜力。比如，只需调整这些炸弹中豆油、溶剂、清洁剂和水的比例，研究人员就能使它们具有杀灭流感病毒和疱疹的能力。据说，密歇根大学的这个研究小组正在制造一种更聪明的新型纳米炸弹，这些针对性极强的炸弹能够在大肠杆菌、沙门氏菌或者李氏杆菌进入肠道之前攻击它们，美国军方对纳米炸弹十分感

153

兴趣。

纳米科技与国家安全

大家都记得科索沃战争中的 F117 隐形飞机，因为它是用隐身材料做出来的，表面上涂了层隐身材料，所以雷达看不到它，只有它打你你没法打它，这说明纳米技术在新武器的隐身研制方面所起的作用也是非常重要的。现在不光是隐身飞机还有隐身导弹、隐身坦克，还有隐身军舰等等，纳米技术在高科技武器的研制方面可以讲几乎是无所不用。另外，现在的战争已经不是简单的枪对枪、炮对炮的战争，电子信息战非常重要，掌握不了信息的至高点你可能就要被动挨打。而先进的纳米电子学可以取得未来信息战的优势。客观地说，纳米技术已经逐渐走入人们的生活，但是如果要像微电子技术那样产生广泛的深刻的影响，将是十几年或者 30 年以后的事情。它会逐渐进入人们的生活，可以说 21 世纪是纳米科技的世纪。

纳米科技的发展，会带来比目前信息技术更大的影响。从战场上的大容量信息，包括数据图像的实时传递，战争的指挥，导弹的预警，核武器的防护，到纳米技术制造的微型侦查装置等等，都会对国家安全产生非常重要的影响。现在美国国家纳米技术倡议在国家安全方面，又包含了很多方面的内容，仅纳米科技对于维护国家安全的从当前的微电子技术对信息战的影响就可见一斑。

154